非常规水源开发利用理论与实践

主 编 李肇桀

中国水利水电出版社
www.waterpub.com.cn
·北京·

内 容 提 要

本书分析了非常规水源开发利用的特点，系统梳理、总结了我国非常规水源开发利用面临的形势、利用现状、政策法规和管理体系建设情况、技术工艺情况、典型经验做法，在分析存在问题的基础上，提出推动我国非常规水源开发利用的推进策略、发展布局、对策、措施和建议，并对未来非常规水源开发利用进行展望。

本书适用于水利、环保、市政、经济、法律、管理等相关领域工作人员阅读，也可供相关专业教学参考使用。

图书在版编目（CIP）数据

非常规水源开发利用理论与实践 / 李肇桀主编. --
北京 ： 中国水利水电出版社，2022.10
ISBN 978-7-5226-0952-2

Ⅰ．①非… Ⅱ．①李… Ⅲ．①水源开发－研究－中国
Ⅳ．①P641

中国版本图书馆CIP数据核字(2022)第157093号

书　　　名	**非常规水源开发利用理论与实践** FEICHANGGUI SHUIYUAN KAIFA LIYONG LILUN YU SHIJIAN
作　　　者	主编 李肇桀
出 版 发 行	中国水利水电出版社 （北京市海淀区玉渊潭南路 1 号 D 座　100038） 网址：www. waterpub. com. cn E-mail：sales@mwr. gov. cn 电话：(010) 68545888（营销中心）
经　　　售	北京科水图书销售有限公司 电话：(010) 68545874、63202643 全国各地新华书店和相关出版物销售网点
排　　　版	中国水利水电出版社微机排版中心
印　　　刷	清淞永业（天津）印刷有限公司
规　　　格	170mm×240mm　16 开本　13.5 印张　201 千字
版　　　次	2022 年 10 月第 1 版　2022 年 10 月第 1 次印刷
印　　　数	0001—1000 册
定　　　价	**80.00 元**

凡购买我社图书，如有缺页、倒页、脱页的，本社营销中心负责调换

版权所有·侵权必究

本书编委会

主　　　编：李肇桀

副 主 编：张　旺　王亦宁

编写组成员：李肇桀　张　旺　王亦宁　姜　斌

　　　　　　刘　璐　李新月　刘　波　张海涛

　　　　　　刘政平　秦国帅

前　言

　　开展再生水、海水淡化、雨水集蓄等非常规水源利用，对于缓解水资源短缺状况、提高水资源利用效率、促进水资源节约保护、实现绿色发展具有重要意义。国家高度重视非常规水源利用，鼓励在水资源短缺地区对雨水和微咸水的收集、开发、利用和对海水的利用、淡化，鼓励使用再生水，明确要求将非常规水源纳入水资源统一配置。及时总结近年来非常规水源利用的实践探索经验，提出非常规水源利用发展思路和对策措施，对于加强非常规水源利用指导工作，促进非常规水源利用事业发展，实现生态文明建设和绿色发展目标，具有重要意义。

　　近几年来，我们持续开展了非常规水源开发利用的调查研究和课题研究，形成了一批理论成果，在推进我国非常规水源开发利用政策出台和技术管理方面发挥了积极的作用。为及时总结已有成果，使更多读者或有志于促进非常规水源利用的人士了解这些成果，共同推动非常规水源利用工作的持续顺利开展，节约水资源、保护水资源，全面建设节水型社会，我们组织编写了本书，就深入研究非常规水源开发利用的政策法规与制度建设问题，提出观点和意见，抛砖引玉，引起更多关注，目的是推进我国非常规水源利用事业发展。

　　实践催生理论，理论指导实践。推进非常规水源利用的实践探索虽然已经有一段时间，但随着水资源短缺矛盾日益突出，其理论和实践都正在快速发展过程之中。正源于此，有一些概念还没有形成共识，一些理论和方法正在探索之中，本书中的认识和观点只能是我们的一家之言，加之我们的知识面和能力有限，难免有疏漏之处，敬请各位专家批评指正。

编写组

2022 年 7 月

目 录

第一章

绪论 ◀

我国多年平均水资源量约为 2.8 万亿 m^3，2020 年全国人口已达 14.12 亿人，人均水资源量 $2000m^3$ 左右，而且时空分布极不均匀，属于严重缺水国家。按照国际公认的判别标准，我国有 16 个省（自治区、直辖市）人均水资源量低于重度缺水线，有 8 个省（自治区、直辖市）人均水资源量低于极度缺水线。在常规水源缺乏、难以满足正常用水需求的缺水地区，开发利用非常规水源作为常规水源的补充，既十分必要，又十分迫切。而且，还可以有效促进区域水资源节约、保护和循环利用，意义重大。

第一节 非常规水源概念

非常规水源也称为非传统水源，是指有别于常规水源（地表水、地下水）的其他水源。非常规水源开发利用的发展很快，包含范围比较广泛，目前对于非常规水源认识还不统一，尚未形成统一的概念。通常来讲，广义的非常规水源应包含常规水源以外的一切其他水源。根据目前开发利用的实际情况，本书所述非常规水源主要包括再生水、海水、雨水、矿井水和微咸水等几个方面。

非常规水源在常规条件下难以直接利用，但可以通过不断创新的技术、工艺、方法和管理措施加以处理后进行开发利用，随着科学技术的不断发展进步，处理方法越来越成熟，成本越来越低。

一、非常规水源的内涵和范畴

根据目前开发利用情况，这里重点介绍再生水、海水、雨水、矿井水和微咸水等五种非常规水源。

（一）再生水

再生水（reclaimed water）：对经过或未经过污水处理厂处理的集纳雨水、工业排水、生活排水进行适当处理，达到规定水质标准，可以被再次利用的水。

上述是水利行业标准《再生水水质标准》（SL 368—2006）对再生水给出的定义，其中，生活排水是指居民日常工作和生活中排放出的污水；工业排水是指工业生产过程中排放出来的废水，包括工艺过程用水、机器设备冷却水、烟气洗涤水、设备和场地清洗水等。

虽然我国开发利用再生水的历史不长，但再生水在国外已有多年历史，特别是在美国、日本、以色列等发达国家，在工厂循环用水领域有时称"回用水"，经城市污水经处理设施深度净化处理后的水（包括污水处理厂经二级处理再进行深化处理后的水和大型建筑物、生活社区的洗浴水、洗菜水等集中经处理后的水）有时称"中水"，其水质介于自来水（上水）与排入管道内污水（下水）之间。再生水利用有时也称作污水回用，主要应用于厕所冲洗、园林和农田灌溉、道路保洁、洗车、城市喷泉、冷却设备补充用水等。

（二）海水

海水（sea water）：广义上指海中或来自海中的水。非常规水源中的海水利用主要包括海水淡化和海水直接利用。

海水淡化是从海水中取得淡水的过程，是实现水资源利用的开源增量技术，可以增加淡水总量，且不受时空和气候影响，可以保障沿海居民饮用水和工业生产锅炉补水等稳定供水。总的来说，目前海水淡化成本仍然较高。随着科学技术的发展和进步，海水淡化成本必然会不断降低，淡化海水必将成为沿海地区一种颇具实用价值的水资源。

海水直接利用是直接采用海水替代淡水的开源节流技术，具有替代节约淡水总量大的特点，目前海水直接利用主要是工业冷却。随着海水直接利用技术不断发展，用量逐步增大，用途逐渐拓宽，有望成为战略性海洋新兴产业的一个重要领域。

加大对海水资源的合理开发与利用，推动海水利用产业发展，对于保障沿海地区水安全、推进海洋经济高质量发展具有重要意义。

（三）雨水

雨水（rain water）：广义上的雨水指由降雨而来的水。非常规水源中的雨水利用是指对不能形成河川径流的有效降雨加以利用以及对暴雨洪水进行拦蓄利用，一般通过人工建立雨水集蓄工程，对雨水进行收集、蓄存和调节利用。

雨水利用分为农村雨水利用和城市雨水利用。农村雨水利用是在农村范围内，有目的地采用闸坝、坑塘、低洼地、老河湾、沙石坑和排水渠等各种措施，拦蓄雨洪、蓄滞雨洪，实现对雨水收集、蓄存、净化、保护及利用。农村雨水利用主要应用于生活和农业生产两方面。城市雨水集蓄利用是通过屋面雨水集蓄系统、雨水截污与渗透系统、生态小区雨水利用系统等对雨水进行利用，目的是实施雨水径流污染控制、城市防洪和生态环境改善。城市雨水主要用作喷洒路面、灌溉绿地、蓄水冲厕等城市杂用水。

雨水作为一种相对丰富的淡水资源，相较于城市污水和建筑中水，其水质条件更为良好，处理成本也更为低廉，经过适当处理后即可满足生活杂用和工业应用，深度消毒后也可作为饮用水源补充用水。因此，面临水资源短缺问题的国家都将雨水利用作为重要突破口。

（四）矿井水

矿井水（mine water）：在矿山建设和开采过程中由地下涌水、地表渗透水和生产排水汇集所产生的水。

矿井水也被称为矿坑水，水量的大小取决于井下地质条件和生产方式，通常采煤生产时煤水比为1∶0.5～1∶5，个别矿井高达1∶10以上。矿井水基本上属于采矿区内部利用，主要用于工业和生态，两者在用水总量中占比达到80%以上。工业方面，矿井水主要用于煤炭开采及加工过程中的井下灭火、除尘、防爆、洗煤、消防等；生态方面，矿井水主要用于生态绿化、河道补水等方面。

（五）微咸水

微咸水（gentle saline/brackish water）：水文地质学上把矿化度小于1g/L的水称为淡水、大于1g/L的统称为苦咸水。同时，又将苦咸水进行划分，矿化度低于3g/L的苦咸水称为微咸水，等于或大于3g/L的苦咸水称为咸水或卤水。对微咸水进行开发利用是我国非常规水源利用的一种形式，但利用量不大，主要用作灌溉或供给工业、环境之用，近年来部分地区正在探索利用矿化度不高的咸水进行局部灌溉。

二、相关政策法规对非常规水源的定义

非常规水源可以在一定程度上替代常规水源，缓解我国水资源短缺矛盾，也可以节约有限的常规水源并使其发挥更大作用，促进绿色发展和生态文明建设。因此，我国鼓励以不同方式开发利用非常规水源。

（1）《中华人民共和国水法》第二十四条规定，水资源短缺的地区，国家鼓励对雨水和微咸水的收集、开发、利用和对海水的利用、淡化。第五十二条规定，鼓励使用再生水。

（2）《中华人民共和国循环经济促进法》第二十条规定，国家鼓励和支持沿海地区进行海水淡化和海水直接利用，节约淡水资源。第二十四条规定，推进雨水集蓄利用。第二十七条规定，国家鼓励和支持使用再生水。在有条件使用再生水的地区，限制或者禁止将自来水作为城市道路清扫、城市绿化和景观用水使用。

（3）2015年印发的《关于加快推进生态文明建设的意见》提出，积极开发利用再生水、矿井水、空中云水、海水等非常规水源，严控无序调水和人造水景工程，提高水资源安全保障水平。

（4）2015年印发的《国务院关于印发水污染防治行动计划的通知》第九条提出，将再生水、雨水和微咸水等非常规水源纳入水资源统一配置。

（5）2012 年国务院《关于实行最严格水资源管理制度意见》提出，鼓励并积极发展污水处理回用、雨水和微咸水开发利用、海水淡化和直接利用等非常规水源开发利用；加快城市污水处理回用管网建设，逐步提高城市污水处理回用比例。

（6）2019 年印发的《国家节水行动方案》提出，洗车、高尔夫球场、人工滑雪场等特种行业积极推广循环用水技术、设备与工艺，优先利用再生水、雨水等非常规水源。在缺水地区加强非常规水利用，加强再生水、海水、雨水、矿井水和苦咸水等非常规水多元、梯级和安全利用；强制推动非常规水纳入水资源统一配置，逐年提高非常规水利用比例，并严格考核。在沿海地区充分利用海水，高耗水行业和工业园区用水要优先利用海水，在离岸有居民海岛实施海水淡化工程；沿海严重缺水城市可将海水淡化水作为市政新增供水及应急备用的重要水源。

（7）《全国水资源综合规划》界定了可利用的"其他水源"，包含通过集雨工程利用的雨水、处理并再利用的污水、可利用的微咸水以及已利用和规划利用的海水等。

（8）《节水型社会"十三五"规划》提出，其他水源供水量包括污水处理回用、集雨工程、海水淡化等水源供水量。

第二节　非常规水源的主要特点

一、处理难度较大

从理论上讲，常规水源可以不经处理或简单处理而饮用和利用（在现代社会，由于水质恶化原因和提高利用品质的需求，常规水源一般也要经过必要的处理过程），但非常规水源的利用则必须经过特殊的处理过程，这直接决定了其用水成本可能会高于常规水源。由于来源和用途不同，非常规水源达到可利用程度，采取的处理过程也不尽相同，多数处理过程复杂而且处理难度较大，如矿井水含有大量开采过程形成的矿物质和悬浮物，这些物质粒度小、比重轻、沉降速度

5

慢、混凝效果差，还含有废机油、乳化油等，处理难度和处理成本都较大。

二、开发利用方式各异

再生水是目前最主要的非常规水源，主要采用"集中式与分散式相结合"的开发利用方式。在市政排水管网通达区域，且用户分布较为密集、用户规模和水质要求比较稳定的条件下，一般采用集中式利用模式；在市政排水管网或再生水供水管网未通达区域，一般采用分散式利用模式。

海水淡化利用主要包括市政供水、工业园区"点对点"供水和海岛独立供水等。市政供水适用于水资源短缺的沿海城市；工业园区"点对点"供水主要适用于高耗水工业企业；海岛独立供水主要用于军民饮水，工程规模一般为中小规模。

集蓄雨水利用主要包括农村生产生活用水、城市环境和杂用水、工业用水等。农村生产生活用水结合地形地貌建设水池、水窖和坑塘工程等收集处理雨水，主要用于农业灌溉、居民生活用水、牲畜用水等；城市环境和杂用水是利用建筑屋顶、草坪、庭院、道路等，或建设雨水收集池、处理池等设施收集处理雨水，主要用于园林绿化、道路喷洒、景观补水、消防、洗车、冲厕等；工业用水是工业企业通过建设集流系统、水质预处理系统、储存系统、净化系统和取用水系统等收集处理雨水，用于工业生产，补充置换自来水。

矿井水开发利用主要包括矿区自用、工业园区"点对点"供水、景观环境用水。矿区自用模式是收集处理矿井水，主要用于矿区工业生产用水、绿化、降尘、居民生活用水等；工业园区"点对点"供水模式是收集处理矿井水，通过管网输送至附近的工业园区，主要用于园区工业生产用水、农业灌溉、水产养殖、居民生活用水等；景观环境用水模式是收集处理矿井水，用于景观环境用水、园林绿化、河湖补水等。

咸水开发利用主要包括灌溉利用和淡化利用。灌溉利用模式又可分为直接灌溉、咸淡混灌和咸淡轮灌等，主要用于解决淡水灌溉水量不足的问题；淡化利用模式与海水淡化利用模式类似，但主要以小型化、分散化的反渗透淡化处理供水为主，主要用于城乡供水的补充水源，解决部分地区的饮水困难问题。

三、用途受一定限制

我国非常规水源的用途主要包括景观环境用水、工业用水、城市非饮用水、农业用水、林业用水、地下水回灌用水等。其中，景观环境用水根据用途可分为观赏性景观环境用水、娱乐性景观环境用水和湿地环境用水；工业用水根据用途可分为冷却用水、洗涤用水、锅炉用水、工艺用水和产品用水；城市非饮用水包括冲厕、车辆冲洗、城市绿化、道路清扫、建筑施工等用水；农业用水、林业用水主要指农林灌溉用水；地下水回灌用水是可用于地下水水源补给、防治海水入侵、防治地面沉降等地下水回灌用水。

四、存在安全隐患

进入城市污水收集系统的污水必须达到一定的水质标准，这是保障再生水水质安全性的前提。不符合标准的污水排放会给再生水利用造成很大的风险。并非所有种类的污水都可以成为再生水利用的水源，对于重金属等污染超标的工业废水、某些指标严重不合标准的医疗废水、一些发生了传染性疾病的小区的生活污水等就不适合。一些城市的老城区因先期规划、建筑密度高、道路狭窄等原因，其污水收集管网的覆盖范围相对要小一些，造成一部分污水排放并不能够进入市政管网设施；同时还存在个别企业偷排。污水来水量存在一定的季节性：夏季用水量大、污水排放多；而冬季用水量小、污水排放较少，利用再生水解决供需矛盾问题的优势并不明显。

再生水输配水环节是指从再生水厂出水到用户前端的全过程，输配水系统包括输配水管道、泵站和储水设施。输配系统的选择受到用户位置、水源、自然地理条件、经济条件等影响，需要保证用户需要的水量、足够的水压、不间断供水，以及防止错接、乱接风险。同时，输配水环节也会面临水量、水压、供水稳定性、供水管连接问题等潜在的风险。

五、监督管理复杂

我国对常规水源开发利用管理已形成相对成熟的监管体系，但对非常规水源利用的管理则需要探索与常规水源利用所不同的管理方式，需要从水资源配置上进行引导，规划和投资需要进行特殊的产业政策扶持，设施建设和运行管理需要一套独有的制度规范。目前，技术标准不完善、技术带动不足、管网建设滞后等因素在一定程度上制约了非常规水源开发利用。非常规水源开发利用涉及发展改革、水利、生态环境、住建、海洋、卫生等监管部门，各部门专项规划中虽不同程度涵盖非常规水源利用，但多头管理会造成各类规划不衔接、不协调，以至于一些地方出现"生产出的水送不出去、有需求的用户又用不上水"的情况。

第二章

非常规水源开发利用的形势及意义

第一节　非常规水源开发利用面临的新形势

一、我国水资源供需情势依然严峻

我国是典型的缺水国家，人均水资源量 2000m³ 左右，远低于世界平均水平。根据全国水资源综合规划，受多种因素影响，全国多年平均缺水量 536 亿 m³，其中河道外缺水达 404 亿 m³，生态缺水量达 347 亿 m³。受自然地理条件的影响，我国水资源的时间和空间分布极不均匀，长江以北水系流域面积占国土面积的 64%，而水资源量只占全国的 19%。"宁夏沿黄经济区""兰州—西宁地区""太原城市群"人均水资源量仅分别为 77m³、217m³、334m³。为满足工农业及生活生态用水需要，部分地区大规模开采地下水更加剧了我国资源型缺水的态势，并引起了一系列的环境地质问题。例如我国华北地区从 20 世纪 70 年代开始大量开采地下水，每年超采地下水约 55.1 亿 m³，高时曾达到 95.8 亿 m³。截至 2019 年，华北地区地下水储量与 1980 年相比累计亏空约 1800 亿 m³，已经造成河水断流、湖泊湿地萎缩、浅层地下水含水层疏干、下降漏斗、地面沉降、地裂缝、海（咸）水入侵等问题。相对于水资源条件，部分城市供水能力不足，水利投入严重欠账，水利建设严重滞后。水资源短缺已经成为我国经济发展的制约因素。

除此之外，随着气候变化和人类活动影响的加剧，干旱、洪涝等极端水文事件频繁发生。根据我国气象局统计数据，1961—2018 年，我国平均年降水量呈微弱的增加趋势，但年降水日数呈显著减少趋势，水资源的年际和年内分布会更加不均衡，区域干旱事件频次呈上升趋势，干旱风险增加。如 2010 年我国西南五省（自治区、直辖市）（云南、贵州、广西、四川、重庆）发生 60 年来最严重干旱，云南省 780 万人、486 万头牲畜饮水困难，贵州省近七成水库降至死水位；2014 年河南省遭遇 63 年来最严重"夏旱"，50% 以上的中小河流断流，多地供水告急；2020 年春季云南省再次发生近 10 年来最严重旱情；2021 年我国水资源丰富的华南地区发生严重干旱，其中珠江流域东江、韩江遭遇 60 年来最严重旱情，造成多地用水困难。以上情况说明，在全球气候变化的背景下，水资源供需矛盾更加突出，对区域供水安全保障提出了更高的要求。

如何解决以上水资源严重短缺的问题，我国开展了大量的理论和实践探索，总结提出了一系列措施办法，其中最核心的就是要坚持习近平总书记"节水优先、空间均衡、系统治理、两手发力"治水思路，实行水资源刚性约束，全面推进节水型社会建设。在这些措施办法中，非常规水源利用是其重要措施之一。非常规水源作为可靠且可以重复利用的二次水源，经过处理利用，可节约新鲜水取用量，是贯彻实施习近平总书记"十六字"治水思路的重要体现。2017 年，水利部发布《关于非常规水源纳入水资源统一配置的指导意见》，明确了非常规水源纳入水资源统一配置的总体要求、配置领域、强化措施、监督管理和组织保障，目的就是为了缓解水资源短缺的困境，提高水资源配置效率和利用效益。

二、水污染治理和水生态维系任务仍然艰巨

在水资源短缺的同时，我国还面临着水污染严重问题。过去几十年的快速发展，传统的高投入、高消耗、高排放经济发展方式使我国的有限资源不断减少，废弃物逐渐增多，大量污染物进入环境，使天然水环境中的污染物日益增多，污染物成分越来越复杂，给生态环境带来了巨大的压力，很多流域面临着水体富营养化、城市黑臭水体、农村污水排放、新型污染物的多重压力，水污染严重、水生态环境恶化等问题日益突出，使得原本匮乏的水资源更加紧张。党的十八大以来，我国大力推进生态文明建设，针对流域水环境、水生态方面存在的问题，制定了一系列的政策措施，全国各大流域地表水、地下水水质逐步得到了明显改善。生态环境部发布的2020年全国生态环境状况公报显示：主要江河1614个监测断面中，Ⅰ～Ⅲ类水质断面占比达到87.4%；112个重要湖泊（水库）中，Ⅰ～Ⅲ类湖泊（水库）占比为76.8%。但是，海河、辽河流域仍然处于轻度污染状态，全国仍有5.4%的湖库水质属于劣Ⅴ类，29.0%的湖库处于富营养状态。除此之外，2020年，自然资源部门10171个地下水水质监测点中，Ⅰ～Ⅲ类水质监测点仅占13.6%，Ⅳ类占68.8%，Ⅴ类占17.6%；水利部门10242个地下水水质监测点（以浅层地下水为主）中，Ⅰ～Ⅲ类水质监测点占22.7%，Ⅳ类占33.7%，Ⅴ类占43.6%，主要超标指标为锰、总硬度和溶解性总固体。总体来讲，全国有75%～85%的地下水监测点水质处于较差或极差的状态。因此，水环境污染问题仍是发展带来的突出问题，水污染治理工作需要继续推进，深入打好污染防治攻坚战。

高资源消耗、大规模排放是生态环境恶化的主要原因之一，根据住房城乡建设部公布的城乡建设统计年鉴数据，我国城市污水排放量由2010年的378亿 m^3 上升至2020年的571亿 m^3，在精准治污、科学治污的过程中，通过对再生水的循环利用，减少污染排放，可以在很大程度上减少对生态环境的污染，改善生态环境。生态文明建设对节能减排提出了更高要求。生态文明的核心内涵是人类的生产和消费活动与自然生态系统协调可持续发展，核心目标是将生产和消费活动规范和控制在生态承载力、环境容量限度之内，通过采取各种有效措施降低污染产生量，最终降低社会经济系统对生态环境系统的不利影响。加大非常规水源的利用，是贯彻绿色发展理念、构建循环社会的重要一环，为促进社会经济高质量发展提供了重要支撑。

三、经济社会高质量发展对水安全保障提出更高要求

党的十九届五中全会对我国"十四五"期间经济社会发展作出重大战略部署，提出立足新发展阶段、贯彻新发展理念、构建新发展格局和推进高质量发展的"三新一高"要求。其中，立足新发展阶段，是解决发展的路径问题，我国经济社会已经由高速发展阶段转向高质量发展阶段，全面步入建设社会主义现代化国家的新阶段；贯彻新发展理念，是解决发展的思路问题，创新、绿色、协调、开放、共享的新发展理念贯穿未来发展全过程和全领域，引领作用进一步凸显；构建新发展格局，是解决发展的方式问题，需要构建以国内大循环为主体，国内国际双循环相互促进的新发展格局。促进高质量发展，这是发展的要求和目标，新发展阶段、新发展理念、新发展格局，最终要服务于高质量发展。高质量发展是"十四五"乃至更长时期我国经济社会发展的主题，关系我国社会主义现代化建设全局。习近平总书记强调，"高质量发展不只是一个经济要求，而是对经济社会发展方方面面的总要求；不是只对经济发达地区的要求，而是所有地区发展都必须贯彻的要求；不是一时一事的要求，而是必须长期坚持的要求。"高质量发展绝不能仅局限于经济领域，经济、社会、文化、生态等各领域都要体现高质量发展的要求，让人民群众有实实在在、全面立体的获得感。经济、社会、文化、生态等各领域都要体现高质量发展的要求。

水是生命之源、生产之要、生态之基，水利在国民经济和社会发展中的重要地位作用决定了经济社会高质量发展离不开水利的高质量发展，确保供水安全、维持良好的生态环境是经济社会高质量发展的重要保障。水利行业贯彻落实"三新一高"要求，必须深刻把握水利高质量发展的内涵和要求。水利高质量发展意味着更加绿色、更可持续的发展，需要把建立健全节水制度政策作为一条重要实施路径，要坚持量水而行、节水为重，建立健全初始水权分配和交易制度、水资源刚性约束制度、全社节水制度，建立健全水量分配、监督、考核的节水制度政策，全面提升水资源集约节约安全利用水平。非常规水源

的利用能够缓解水资源短缺、水生态损害、水环境污染等问题，有助于建立水资源刚性约束制度，促进节水型生产方式和生活方式的形成，整体上提高水资源节约集约利用水平。推动水利行业高质量发展，国家节水行动方案规定重点地区节水开源，在超采地区要削减地下水开采量，在缺水地区要加强非常规水利用，在沿海地区要充分利用海水。随着我国经济社会发展进入新的阶段，非常规水源的巨大潜力将进一步释放，"第二水源"的重要作用将进一步增强，非常规水源开发利用将迎来新的格局。

生态文明、现代化国家建设、国家重大战略实施对水资源、水生态、水环境提出了更高的要求。党的十八大提出要大力推进生态文明建设。党的十九大报告中明确指出，必须树立和践行"绿水青山就是金山银山"的理念，坚持节约资源和保护环境的基本国策，像对待生命一样对待生态环境，统筹山水林田湖草系统治理，实行最严格的生态环境保护制度，形成绿色发展方式和生活方式，坚定走生产发展、生活富裕、生态良好的文明发展道路，建设美丽中国。加大非常规水源利用是推动生态文明建设的重要抓手，也是发展循环经济、推进社会经济绿色发展、实现资源全面节约和循环利用的重要举措。相关政策文件均对非常规水源的开发利用提出了明确的要求。党中央、国务院在《关于加快推进生态文明建设的意见》中指出，要"积极开发利用再生水、矿井水、空中云水、海水等非常规水源"；水利部在《关于加快推进水生态文明建设工作的意见》中提到，大力推进污水处理回用，鼓励和积极发展海水淡化和直接利用，高度重视雨水和微咸水利用，将非常规水源纳入水资源统一配置。在工业和信息化部、国家发展和改革委员会等部门联合印发的《关于加强长江经济带工业绿色发展的指导意见》中提出，要大力培育和发展沿江工业水循环利用服务支撑体系，强化过程循环和末端回用，提高钢铁、印染、造纸、石化、化工、制革和食品发酵等高耗水行业废水循环利用率，推进非常规水源的开发利用，支持上海、江苏、浙江沿海工业园区开展海水淡化利用，推动钢铁、有色等企业充分利用城市中水，支持有条件的园区、企业开展雨水集蓄利用。在循环经济方面，国家发展和改革委印发《"十四五"循环经济发展规划》，对循环经济中非常规水的使用及相关产业的发展提出了要求，要促进产业园区水资源循环使用，推进工业废水的资源化利用。建设园区污水集中收集处理及回用设施，加强污水处理和循环再利用。综上所述，加强非常规水源的开发利用是推动绿色发展、循环经济重要的一环，为经济社会高质量发展提供重要的水安全保障。

四、产业结构调整升级及绿色发展对非常规水源的需求

经过改革开放 40 多年的发展，我国社会生产力水平明显提高，人民生活显著改善，对美好生活的向往更加强烈，人民群众的需要呈现多样化、多层次、多方面的特点，期盼有更舒适的居住条件、更优美的环境。习近平总书记指出，当前我国社会主要矛盾已经转化为人民日益增长的美好生活需要和不平衡不充分的发展之间的矛盾，发展中的矛盾和问题集中体现在发展质量上。在建党百年之际，我国已经全面建成小康社会，正在向全面建成社会主义现代化强国的第二个百年奋斗目标迈进，需要我们推进更高水平、更高质量的生态文明建设，建设美丽中国，需要我们解决水资源短缺、水环境污染、水生态损害三大水问题。这与非常规水源利用有直接和密切的关系。大力推进非常规水利用，通过开发利用非常规水来实现水安全保障、水环境治理、水生态修复、经济发展、水管理落实和水文化培育等目标，构建人—水—社会和谐可持续发展的资源节约型和环境友好型社会，是我们当前和今后一个时期紧迫和艰巨的任务

除此之外，随着我国城镇化进程的快速推进，城镇化过程中要素集聚、产业升级、城乡统筹发展、人居环境改善等对新时期的水利工作提出了新的要求。在坚持以人为本和注重质量提升的发展理念下，水资源作为基础性的自然资源和战略性的经济资源得到完全体现。与此同时，社会经济发展与水资源、水环境承载力不足的矛盾将更加突出。随着城市化率的不断提高，以及随之而来的产业结构优化升级，用水的方式、规模和结构都将发生深刻的变化；各种要素的集约化程度越高，对水资源量、质两个维度的保证率要求越高；经济社会发展

对水资源需求的刚性增长与有限的水资源量之间的矛盾需要妥善解决，节约用水更趋紧迫。进入新发展阶段，我国高耗水、高耗能产业面临着转型升级的迫切需求，我国《关于实行最严格水资源管理制度的意见》为水资源管理设定了"三条红线"，在用水总量控制的前提下，非常规水源的开发利用为相关产业的发展提供了进一步的可能。

2021年10月，中共中央办公厅、国务院办公厅印发的《关于推动城乡建设绿色发展的意见》中指出，要持续推动城镇污水处理提质增效，完善再生水、集蓄雨水等非常规水源利用系统，推进城镇污水管网全覆盖，建立污水处理系统运营管理长效机制。在城镇化建设过程中，将传统市政雨污水管网等灰色基础设施与新兴绿色渗透铺装、调蓄池等低影响开发设施相结合，将河湖水系、管网、低影响开发设施共同建设成大排水系统，利用雨水、净化雨水解决城市自身的水污染、内涝、水资源不足等问题。通过探索城市创新管理模式，提升水的再生利用水平，不仅能够保障城市的水资源、水环境，还能够提升城市形象，推动绿色城市、智慧城市和循环城市的建设。国内外大量的实践表明，城市生活污水经过处理后产生的再生水是城市的重要水源，可以替代清洁水源，能够广泛用于城市生产生活，并成为城市水资源的重要组成部分。针对城镇化过程中的内涝问题，将海绵城市建设理念融入城市规划建设管理各环节，提升雨水资源涵养能力和综合利用水平。针对城市内涝问题，国务院办公厅专门制定《国务院关于推进海绵城市建设的指导意见》，要求采用渗、滞、蓄、净、用、排等措施，将70%的降雨就地消纳和利用，通过低影响开发雨水系统构建，提高城市防洪排涝减灾能力、改善城市生态环境、缓解城市水资源压力。因此，加强非常规水源的开发利用能够提高人民幸福生活指数，促进产业升级，构建绿色可持续的发展道路。

五、国家发展及科技进步为非常规水源开发利用奠定了物质技术基础

污水处理、海水淡化、雨水集蓄利用、智慧水务等技术设施的投入和运营需要大量的资金，我国经济的稳健、可持续、高质量的发展为非常规水源的开发利用提供相关的物质基础。即使面对百年变局加速演进和世纪疫情的冲击，2021 年我国 GDP 总量仍然达到 114 万亿元，比上年增长 8.1%，两年平均增长 5.1%，稳居世界第二，占全球经济的比重预计超过 18%，充分体现了我国经济发展强大的韧性。在强大国力支持下，我国坚持积极财政政策和稳健金融政策，积极应对经济发展过程中的问题。针对基础设施在传统投融资模式下投资效益不一、融资渠道狭窄、资本退出困难等问题，2020 年 4 月，中国证监会和国家发展改革委联合发布《关于推进基础设施领域不动产投资信托基金（REITs）试点相关工作的通知》，明确在基础设施领域进行 REITs 的试点工作。REITs 作为与基础设施特性高度匹配的创新金融工具，具有盘活存量资产、降低企业和政府杠杆率、提升资源配置效率、促进金融市场发展等作用，能够有效发挥市场价格引导作用，为污水处理基础设施领域现有投融资模式注入新的活力，可以为非常规水源开发利用相关的基础设施建设提供资金支持。

为贯彻新发展理念，实施扩大内需战略，推动经济发展方式转变，我国政府提出重点支持新型基础设施建设，新型城镇化建设，交通、水利等重大工程（"两新一重"）建设。新型基础设施建设是以新发展理念为引领，以技术创新为驱动，以信息网络为基础，面向高质量发展需要，提供数字转型、智能升级、融合创新等服务的基础设施体系。广义新基建除了包括人工智能、工业互联网、物联网、信息网络、5G 网络、数据中心外，还包括存量规模相对传统基建行业较小、未来增量空间较大的领域，也就是所谓的"补短板"领域，通常为某传统基建领域的新兴细分子行业，其中与非常规水源开发利用领域相关的基建行业包括污水处理、市政建设"短板"领域等。作为数字经济的基础保障，"新基建"是未来经济转型发展、创新发展的重要引擎。环保水务行业同样将深受影响，以"智能化""数据化"等为代表的新理念新技术正在筑造新的产业发展基础。随着供水、污水处理、污水再生利用、固废处理、热网调度、管廊综合监控及水环境治理等大市政行业全产业链各方面能力的进一步优化，创新数字化手段的运行，都将极大地推动非常规水源的开发利用相关产业的发展。

我国非常规水源开发利用技术经济条件已经比较成熟。目前的污水处理技术主要包括物理法、化学法、物理化学法和生物处理法四大类，可以根据不同的污水类别和处理要求来选择不同的污水处理方式。随着相关技术的发展，污水处理的成本已降到 1 元/m³ 以内，再生水二次处理的成本已可控制在 1~2 元/m³。海水淡化的技术方法主要包括蒸馏法和反渗透法，目前海水淡化的成本已降至 4~5 元/t，并且随着技术的进一步发展成本有可能进一步降低。污水处理和海水淡化相关技术同样适用于矿井水、微咸水的处理方式，而雨水的处理技术相对比较简单。因此，相关技术的发展为加快非常规水源的开发利用提供了良好的基础。在此基础上，国家进一步通过出台相关政策大力推动非常规水源开发利用领域相关技术的发展。国家发展改革委发布的《关于推进污水资源化利用的指导意见》中指出，推动将污水资源化关键技术攻关纳入国家中长期科技发展规划、"十四五"生态环境科技创新专项规划，部署相关重点专项开展污水资源化科技创新。引导科研院所、高等院校、污水处理企业等组建污水资源化利用创新战略联盟，重点突破污水深度处理、污泥资源化利用共性和关键技术装备。编制污水资源化利用先进适用技术和实践案例，推广一批成熟的工艺、技术和装备，及时发布国家鼓励的工业节水工艺、技术和装备目录。我国非常规水源利用水平已得到极大提升，尤其随着膜材料与工艺的发展，海水淡化技术与国际接轨，建成了以自主研发技术为主的万吨级、10 万吨级示范工程。近年来我国高端装备技术发展实现由大到强转变，一些重要领域相继实现突破，为以再生水为主的非常规水源开发利用提供了相应的技术支撑。但由于国内设备品种不全、结构不合理、产品质量不稳定等，其关键设备、关键部件主要依靠进口。相比来看，非常规水源利用领域诸如海水淡化、水深度处理等，在应用基础研究、材料装备研制、大型工程化应用等方面，我国整体处于跟跑地位。我国在污水处理新技术研发与集成、污水深度处理与回用、再生水回用风险管控等方面比国际先进水平仍有较大差距，应在以下技术上有所发展：高效低耗的污水处理和再生利用技术、适用经济的雨水集蓄利用技术、企业和园区设置雨水收集处理及回用系统、海水淡化自主关键技术和装备等。

除此之外，由于缺乏有效的扶持政策，对技术创新与应用激励不足，制约了设备国产化发展。确保国家水资源安全和高效利用，离不开科技创新的支撑和引领。因此，要进一步加快发展精准智能农业节水灌溉、工业节水冷却与重复利用、城市管网漏损监控、再生水安全利用和海水淡化等技术和设备。必须从前沿科技战略高度上重视非常规水利用，努力推动相关研发和推广应用，抢占核心设备材料科技的制高点。

第二节　非常规水源开发利用的重要意义

一、缓解水资源供需矛盾、改善极度短缺地区水资源状况

加强非常规水源开发利用是实现节水优先和系统治理的重要手段，对缓解我国水资源供需矛盾具有重要意义。习近平总书记在2014年中央财经领导小组第五次会议上提出了"节水优先、空间均衡、系统治理、两手发力"的治水思路，为非常规水源开发利用指明了发展方向，也提出了新的更高要求。全面深入贯彻习近平总书记的重要讲话指示批示精神，要把非常规水源开发利用纳入水资源统一配置，紧紧抓住国家深化资源性产品价格改革的机遇，完善水价形成机制，运用经济手段促进水资源节约、保护与开发利用。依靠科技进步，对非常规水源进行开发利用，将其转化为具有利用价值的水资源，并根据不同用户对水资源质量及保证率需求的差异性，与常规水资源进行统筹配置，适时适地增加工农业生产和生态环境需水，是改善当前水资源短缺格局，提高我国水资源保障能力的重要举措和现实选择。

非常规水源利用是缓解我国水资源短缺的一种有效资源替代战略，可以促进节水技术和非常规水源技术的推广应用，可以有效缓解水资源极度短缺地区用水困境。探索如何在对传统水资源进行开源、节流的基础上，通过现实可行的工程措施，依靠科技进步和体制机制创新，提高用水的科技水平和管理水平，减少用水过程中不必要的损

失和浪费，提高单方水的使用效率和生产力是必要的。着重加强非常规水源利用研究，可以深刻揭示常规水源开发利用与非常规水源开发利用之间的内在关系，研究成果既可用以指导非常规水源开发利用实践，通过用水方式的转变促进经济结构与产业布局的优化，提升经济增长模式的动力，指明经济社会实现转移式发展的具体途径，其内容的广泛性与深度又可作为经济社会发展水平的重要标志。

把非常规水源作为新鲜水资源的重要补充，能够有效增加区域水资源供给量，缓解水资源供需矛盾，促进供水结构优化。特别是北京、河北等水资源短缺地区，大力推进非常规水源利用，成为保障城市供水安全的重要水源，很好地缓解了缺水地区水资源不足与经济快速发展不相协调的问题。2017 年水利部出台的《关于非常规水源纳入水资源统一配置的指导意见》提出了非常规水源配置量目标："到 2020 年，全国非常规水源配置量力争超过 100 亿 m^3（不含海水直接利用量，下同），京津冀地区非常规水源配置量超过 20 亿 m^3。缺水地区和地下水超采区非常规水源的配置规模明显提高。"并且明确了非常规水源纳入水资源统一配置的总体要求、配置领域、强化措施、监督管理和组织保障。非常规水源是新鲜水资源的重要补充，加强非常规水源开发利用，可以增加区域水资源供给量，缓解水资源供需矛盾，促进供水结构优化，提高区域水资源配置效率，提升水资源整体承载能力。

实践上，我国对非常规水源开发利用进行了大量的探索。近年来城市污水处理厂的建设快速推进，城市生活污水处理量快速增长，为再生水利用的发展提供了基础。根据"十三五"水利发展规划确定的目标，到 2020 年再生水利用率京津冀地区不低于 30%、缺水城市不低于 20%，其他城市和县城力争达到 15%，如果按 2020 年全国污水处理总量 557 亿 m^3 估算，全国再生水利用每年可以减少约 100 亿 m^3 的地表水和地下水取用量。我国一些缺水大城市的实践充分证明了这一点。如北京市，从 2004 年起就把非常规水源纳入全市年度水资源配置计划中，加大再生水配置与利用，全市建有再生水厂 17 座，2018 年再生水利用量达 10.76 亿 m^3，占全市总用水量的 27%。主要用于工业、农业、河湖环境及绿化、道路浇洒、洗车和建筑冲厕等市政杂用方面，再生水已成为北京的"第二水源"，有效缓解了用水紧张问题。例如，环球主题公园度假区景观水系秉持着生态城市理念，利用高品质再生水循环及水质净化系统、驳岸景观及公共设施，打造鸟语花香、生态自然、具备四季特色的水上及滨水观赏游线，形成环球度假区内部"蓝绿交织"的景观纽带。针对高耗水行业，如高尔夫球场、滑雪场等，北京市还出台了精确的取水定额地方标准。雨水利用也是北京市节水的一大法宝，建设集雨型绿地、雨水利用工程、下凹式绿地和铺装透水砖等。深圳市在发展过程中也大力推进非常规水源的开发利用，20 世纪 90 年代至今，再生水利用先后经历了"以分散式的建筑中水利用为主"到"集中式市政再生水厂为主、分散为辅"两个阶段。先后出台了《深圳市人民政府关于加强雨水和再生水资源开发利用工作的意见》《深圳市再生水利用管理办法》等地方性规章及政策文件。"十三五"期间，结合水质净化厂提标改造工程的开展，实现了全市水质净化厂与再生水厂的一体化统筹建设，建设再生水管网总长度约 509km，其中市政杂用及工业再生水管网 217km，河道再生水补水管道 292km。2020 年全市再生水利用量约为 13.7 亿 m^3，利用率为 72%，在一定程度上缓解了城市发展过程中存在的缺水问题。

二、优化水资源配置、提高水资源利用效率和效益

水资源合理配置和高效利用的目标是满足人口、资源、环境与经济协调发展对水资源在时间、空间、数量和质量上的要求，使有限的水资源获得最大的利用效益，永续利用。使用再生水可以替代清洁水源，能够广泛用于城市非饮用水、景观环境用水、工业用水、农林牧业用水、地下水回灌等方面，不仅实现了"优水优用、分质供水"，从而实现了水资源的高效利用，而且还可以减少新鲜水资源的取用量，以满足城市其他领域对高质量水资源的要求。

非常规水源开发利用是常规水资源开发利用的重要补充，是节水开源的重要内容，是贯彻落实习近平总书记"节水优先、空间均衡、

系统治理、两手发力"治水思路的一项重要举措，也是推动用水方式进一步向节约集约转变的重要内容。科学合理地开发利用非常规水源，不仅可以提供新的水源，增加可利用的水资源量，缓解区域水资源供需矛盾，而且具有十分显著的生态与环境效益。非常规水源的开发利用，不仅有利于合理调整区域水资源利用的结构，提高水资源利用的效率和效益，而且有利于水资源优化配置、节水型社会建设、水污染防治、水生态和水环境改善；有利于"建设一批规模合理、标准适度的抗旱应急水源工程，建立应对特大干旱和突发水安全事件的水源储备制度"。

非常规水源利用改变了传统的"开采—利用—排放"模式，实现水资源良性循环，显著提高了水资源利用效率。据有关资料统计，城市供水的80%转化为污水，经收集处理后，其中70%的再生水可以再次循环使用。这意味着通过污水回用，可以在现有供水量不变的情况下，使城市的可用水量至少增加50%。我国的一些大城市已经开始了广泛的再生水利用，北京经济开发区通过大力推进非常规水源的使用，万元 GDP 水耗已连续 7 年保持在 $4m^3$ 以内，用水效率达到国际先进水平。据测算，北京经济开发区每年高品质再生水利用量达到 1200 万 m^3 以上，占工业用水总量的 40% 以上。2003 年以来，北京再生水价格一直维持在 1 元/m^3，再生水与自来水价格相差 $3\sim4$ 元/m^3，大大推动了再生水利用。2014 年以来，北京又进行多次水价调整，再生水价格调整到最高价格不超过 3.5 元/m^3，但与非居民自来水价格差距最高扩大到 6 元/m^3，价格优势进一步加大，提高了再生水用户的积极性。北京再生水利用量已由 2013 年的 8 亿 m^3 增加到 2020 年的 12 亿 m^3，用水途径也由绿化、洗车、冲厕等逐步推广到工业、河湖环境及道路浇洒等方面。

不仅是在缺水城市，在水资源相对丰沛的城市，非常规水源的开发利用也是当地节水工作的重要抓手，在优化水资源配置、提高水资源利用效率效益方面取得了显著效益。《浙江省水资源管理条例》明确"将再生水、集蓄雨水、淡化海水等非常规水纳入水资源配置""直接从江河湖泊取水的省级以上节水型企业可以减征水资源费""达标再生水再利用可以核减本行政区域主要污染物排放总量"。昆明市再生水采用"集中与分散相结合"的模式，以道路新建及改扩建、雨污分流工程项目等市政工程建设为依托，开展再生水站及配套管网的建设，并出台了《昆明市再生水利用专项资金补助实施办法》。主城已建成集中式再生水处理站 8 座，主要用于河道生态环境、市政绿化、环卫等，建成 447 座分散式再生水利用设施，用于建设项目内的绿化、道路浇洒、公共卫生间等，再生水平均年回用量达 2.4 亿 m³。在雨水利用方面，建成建筑项目配套 81 个雨水收集利用设施和主城区环路 16 座雨污调蓄池，起到了滞、渗、蓄、排的作用。南京市建设一系列再生水回用和雨水利用示范工程。工业企业将污水处理工程处理后的中水，回用于冷却水系统，并用于部分生产工艺、绿化、卫生间冲洗等。大学建成了雨水回收综合利用项目，将校区道路、草坪、屋面的雨水进行收集处理并回用于校区的绿化、道路浇洒、景观补水和场地冲洗等，是雨水回收再利用项目的示范工程。

　　农业是我国第一用水大户，约占用水总量的 65%，其中农业用水量的 90% 用于农业灌溉，在水资源形势日益紧张的情况下，农业的发展首先受到制约。多渠道开发利用非常规水源是世界各国高度重视和积极探索的水资源可持续利用模式之一，对缓解农业水资源问题具有重要意义。我国作为一个农业生产大国，农业在我国经济发展当中占有十分重要的比重，而农业生产发展又依赖灌溉。2020 年统计数据显示我国北方六区水资源总量仅占全国的 21.0%，而农业用水量占用水总量的 53.4%，尤其是我国华北和西北一些资源型缺水城市和地区，河流、降水和地下水资源等已不能满足农业生产发展的需求。因此，可利用水资源量在农业可持续发展过程中起着举足轻重的作用。一方面，限制流域用水、提高用水效率以及更好地共享有限的淡水资源，将是降低水资源短缺对农业生产和人类社会可持续发展威胁的关键。另一方面，开发利用非常规水源是解决水资源短缺的重要途径，其中再生水、微咸水、雨水及养殖废水等的开发利用尤为重要，这些水源可以有效提高可再生水资源的利用量以及缓解农业用水对传统水源的占用。截至 2020 年，我国城市污水处理能力达到 1.93 亿 m³/d，污水年处理量为 557 亿 m^3，城市污水处理率达到 97.53%，大量稳定的城镇再生水将是我国农业用水的重要补充水源。再生水利用的可行性和经济性主要体现在其既能给农业生产提供稳定的水源，又能为作物生长提供氮磷等必需的营养元素，还可以降低污水处理厂脱氮除磷的处理成本。我国微咸水资源分布广泛，华北平原地区矿化度为 2~5g/L 的浅层微咸水资源约 75 亿 m^3，西北地区地下微咸水资源为 88.6 亿 m^3。我国咸水灌溉已有近 50 年的历史，通过开展粮食作物、经济作物和蔬菜微咸水灌溉的试验研究和实践建立了因地制宜的微咸水灌溉评价和技术体系。雨养农业是一种依靠天然降水作为补偿灌溉的生产方式，以蓄水保墒、提高降水利用率为主，在涵养水源、改善和保护生态环境的基础上，促进旱区农业可持续发展。利用雨水资源发展集雨节水灌溉技术，能够缓解季节性缺水地区水资源不足的矛盾。北京农村地区通过修建雨水收集系统用于农业灌溉，农业用水量占总用水量的比重下降了 50% 左右。

工业生产耗水量巨大，在非常规水利用方面具有很大的潜力。通过推进行业内高耗水行业利用非常规水，可以显著提高水资源利用效率。缺水地区将市政再生水作为园区工业生产用水的重要来源，严控新水取用量。推动工业园区与市政再生水生产运营单位合作，规划配备管网设施。选择严重缺水地区创建产城融合废水高效循环利用创新试点。有条件的工业园区统筹废水综合治理与资源化利用，建立企业间点对点用水系统，实现工业废水循环利用和分级回用。重点围绕火电、石化、钢铁、有色、造纸、印染等高耗水行业，开展企业内部废水利用，创建一批工业废水循环利用示范企业、园区，通过典型示范带动企业用水效率提升。以石化行业为例，位于浙江省宁波市镇海区的中国石油化工股份有限公司镇海炼化分公司（以下简称"镇海炼化公司"）是中国最大的原油加工基地、进口原油加工基地、含硫原油加工基地、成品油出口基地和重要的原油集散基地之一，在企业日益增长的用水需求下，镇海炼化公司拓展思路"向天要水""向污水再索水"，先后于 2001 年开发完成炼油达标外排污水回用技术，实现炼油循环水场 100% 使用回用污水，作为补充水替代新鲜水；2012 年建成投用清净废水（雨水）处理装置，2014 年建成投用乙烯高盐污水回用装置，装置处理后的出水均回用于化水装置替代新鲜水。因以上污水回用装置的投运，公司每年节约新鲜水用量约 690 万 m^3，同时也降低了企业外排污水量，完成了各项环保指标。经统计，2003 年来，累计节水 1.1 亿 m^3，节水量相当于 8 个西湖。由于污水回用装置的投用节水效果明显，镇海炼化公司在不断扩大产能的情况下，水务系统实现吨油取水 $0.315m^3$、吨油排水 $0.079m^3$，生产单位乙烯取水量 $4.69t/t$、排水量 $0.436t/t$ 的好成绩，为镇海炼化公司利润再创新高、实现持续百亿利润梦想提供了稳定高效的绿色水源。镇海炼化公司也连续两次被评为"全国水效领跑企业"和浙江省首批节水标杆企业。

综上，非常规水源开发利用的理论与实践将会大力提高不同行业的水资源利用效率，促进全社会的节约用水工作，必将会在努力开创水资源工作新局面上成为新的起点，并由此形成一条中国特色的水资源管理道路，这对于我国优化水资源配置、提高水资源利用效率效益具有重要战略意义。

三、推动国家节水行动方案落实和全面建设节水型社会

全面推进国家节水行动，建设节水型社会是解决我国水资源矛盾的重要途径。在水量不变的情况下，要保证工农业生产用水、居民生活用水和良好的水环境，必须建立节水型社会。节水型社会是指人们在生活和生产过程中，在水资源开发利用的各个环节，贯穿对水资源的节约意识和保护意识，以完备的管理体制、运行机制和法制体系为保障，在政府、用水户和公众的共同参与下，通过法律、行政、经济和技术工程等措施，结合社会经济结构调整，实现全社会用水在生产和消费上的高效合理，保持区域经济的可持续发展。通过建设节水型社会，以水资源的可持续利用支持我国社会经济的可持续发展，当为我国水资源的总体战略。水资源可持续利用战略的核心是提高用水效率，建成节水防污型的社会。开发利用非常规水源，一方面能够推动集约节约利用水资源，提高水资源利用效率效益；另一方面减少污染物排放，改善生态环境，是落实国家节水行动方案确定的各项任务，

全面推动建设节水型社会的重要内容。

　　为了促进非常规水源的开发利用，国家出台了一系列的政策和指导意见。2019 年印发的《国家节水行动方案》要求：在缺水地区加强非常规水利用，加强再生水、海水、雨水、矿井水和苦咸水等非常规水多元、梯级和安全利用，统筹利用好再生水、雨水、微咸水等用于农业灌溉和生态景观。到 2020 年，缺水城市再生水利用率达到 20% 以上，到 2022 年，缺水城市非常规水利用占比平均提高 2 个百分点。在沿海地区充分利用海水，高耗水行业和工业园区用水要优先利用海水，在离岸有居民海岛实施海水淡化工程。加快非常规水利用关键技术及装备的研发。水利部、国家发展改革委、住房城乡建设部、工业和信息化部、自然资源部、生态环境部于 2021 年 12 月联合印发了《典型地区再生水利用配置试点方案》，提出要立足新发展阶段，贯彻新发展理念，构建新发展格局，推动高质量发展，落实污水资源化利用有关要求，在典型地区选择基础条件较好的城市开展再生水利用配置试点，形成先进适用成熟的再生水利用配置模式，为其他地区提高再生水利用配置水平提供经验借鉴。为了落实习近平总书记关于推动黄河流域生态保护和高质量发展的重要讲话和指示批示精神，国家发展改革委于 2021 年 12 月印发了《黄河流域水资源节约集约利用实施方案》，对推进黄河流域非常规水源利用做出了具体安排。包括强化再生水利用，促进雨水利用，推动矿井水、苦咸水、海水淡化水利用等。随着非常规水源利用相关政策的出台和实施，非常规水源的利用能够在水利行业高质量发展和社会经济高质量发展中发挥越来越重要的作用，将会推动水资源利用方式进一步向节约集约转变，加快形成节水型生产、生活方式和消费模式，全面建成节水型社会。

四、促进绿色发展和生态文明建设

　　我国现阶段水体污染严重，水生态恶化问题仍然十分严峻。现阶段看，入河湖的污染负荷仍然大大超过水体的自净能力，导致水生态恶化趋势难以根本改观。2020 年，我国城市污水年排放量为 571 亿 m^3。尽管我国已经实施了严格的排污许可制度，制定了严格的污水排放标准，但如果在一定时段内排污量累积过多，必然会带来水环境问题。在生态环境问题日益突出和生态环境用水被生产用水挤占的情况下，破解日趋严重的生态环境缺水问题，需要提倡实行人水和谐的发展方式，需要探索和创新水资源的利用模式。

开发利用非常规水源能够从以下两方面减少污染物的排放：一是常规污水处理工艺的出水水质要劣于再生水水质，其污染物含量要高于再生水，因此使用再生水，客观上减排了大量污染物；二是将城市污水、工厂排水等收集并加以处理回用于日常生产、生活和生态，可以减少向环境和水体中排放污水（污染物）的总量，有效减少污水排放量，降低城市排污负荷，减轻对水环境的水量和水质的双重压力，有利于改善城市河湖环境。

除了通过循环利用来有效减少污水排放量，削减进入河湖污染物的总量，减轻水污染防治压力外，通过非常规水源来补充河道、湿地生态水量，能够增加水体水环境容量，稀释污染物，实现水功能区水质目标，改善和保护水生态环境。如北京市利用再生水补充河湖环境用水，圆明园、龙潭湖等公园湖泊以及清河、土城沟等河道均已全部用再生水补水，有效改善城市河湖景观面貌和生态环境，给广大市民增添了一个个休闲、娱乐的清水绿荫的场所。大量再生水补给河流湖泊，让众多河湖重现水清岸绿的美景，营造了生机勃勃的河道两岸，已成为居民日常生活中不可或缺的休闲场所。2020 年，北京市年利用再生水总量已超过 12 亿 m^3，占北京年度水资源配置总量近三成，使用总量全国第一。其中再生水工业用水 0.58 亿 m^3、环卫绿化用水 0.19 亿 m^3、河湖补水 11.07 亿 m^3，其余用于生活用水。除此之外，再生水利用还节约了优质水源供给居民生活，缓解了首都水资源紧缺形势。北京市财政每年安排专项资金用于支持市管河道补水，为河湖环境再生水利用提供了有力的资金保障。近年来北京市对水环境治理更加重视，全市累计完成 141 条黑臭水体的整治；推进实施污水处理和再生水设施建设，加快雨污分流改造，城市污水处理率达到 95% 以上；建设"海绵城市"，建设初期雨水集蓄系统，减少城市面源污染。

江苏省在再生水补充生态环境用水方面也有了长足的进展。按照水系的功能划分及相应的水质标准，Ⅲ类以上水体仍以清水作为补充水源，Ⅳ类水体主要以水质较好的再生水作为水源；Ⅴ类水体以污水处理厂的二级出水作为水源，利用再生水促进了黑臭水体整治。江苏省太湖地区城镇污水处理厂的出水总体优于《城镇污水处理厂污染物排放标准》（GB 18918—2002）中一级 A 标准，太湖地区以外大部分城镇污水处理厂执行此标准中一级 A 标准，少部分执行此标准中一级 B 标准。一些市县在生态环境、河道补水水源方面做了不少有益尝试，如洪泽县城利用高速公路侧边土地，建设尾水生物−生态处理工程，进一步处理城市污水处理厂达标尾水，使得尾水水质提高一个等级，并能够满足生态景观水质要求；常州武进区武南污水处理厂将尾水引入生态湿地进行处置，稳定了出水水质，并提高了尾水水质指标；常州市区城北、清潭污水处理厂将达到国标一级 A 标准的尾水引入邻近居民小区内，对黑臭河浜进行生态换水，带来了良好的生态环境和社会效益；无锡太湖新城污水处理厂二期扩建工程，配套建设了太湖新城中心区 5 万 m^3/d 规模的再生水回用示范项目，铺设再生水管道 6km，建设专门供水站，将再生水用于太湖新城新市民广场景观环境用水、尚贤河湿地公园补充用水、太湖国际科技园区水源热泵用水、城市市政用水；昆山市将北区污水处理厂尾水用于同心河生态补水、长江北路沿线绿化景观用水等。因此，加大非常规水源开发利用能够减少污染物排放，改善生态环境，构建山美、水美的宜居环境，对于贯彻落实习近平生态文明思想，满足人民日益增长的美好生活需要，建设美丽中国具有重要的意义。

通过开发利用非常规水、推动再生水产业技术升级，对低碳生态规划系统各要素良性循环的形成发挥着极大的作用。2020 年 9 月 22 日，中国政府在第 75 届联合国大会上提出："中国将提高国家自主贡献力度，采取更加有力的政策和措施，二氧化碳排放力争于 2030 年前达到峰值，努力争取 2060 年前实现碳中和。"2021 年国务院政府工作报告中指出，扎实做好碳达峰、碳中和各项工作，优化产业结构和能源结构。国务院在《2030 年前碳达峰行动方案》中指出，要促进水资源循环利用，大力推进污水资源化利用。在"双碳"背景下，加强非常规水的利用，一方面减少污染源的排放，处理完的水再生利用还可以减少污染物排放；另一方面也可以减少碳排放，降低水处理过程的能耗、药耗。在城市污水处理系统中，通过再生水循环利用、污泥综合利用等措施，可以减少污水处理过程的碳排放，有利于"双碳"目标的实现。

污水中的资源被回收后，处理过的污水进行再利用可进一步提高水资源利用率和经济效益。再生水在农田灌溉、工业生产和景观用水领域进行循环利用可以减少碳足迹，降低开发更多能源密集型水资源带来的能耗。此外，再生水还可用于地下水补给和直接饮用水回用。地下水补给可缓解沿海地区地面沉降和海水入侵，还可减少对地面储水设施的需求，避免地表水源因蒸发损失和藻类大量繁殖引起水质恶化等问题。利用核电厂或火电厂发电后的蒸汽余热，通过蒸馏方式由海水制备热淡水，也能够促进节能减排、低碳发展。

五、倒逼推动经济结构调整和产业转型升级

水利是经济社会发展的基础性行业，水利与生活、生产、生态密切相关。水利高质量发展是经济社会高质量发展的重要基础和保障，全力推进水资源集约利用、优化配置和统一调度，不断提高供水保障能力和保障水平，抑制不合理用水需求，促进区域产业政策、发展布局、发展模式朝着有利于水资源、水生态、水环境良性改善的方向运行，注重阶段性与长期性有机结合，建立与经济社会高质量发展相适应的水利发展模式，更高标准、更高水平、更可持续、更加安全地服务经济社会发展。非常规水源的开发利用是大力实施国家节水行动的重要举措，有助于促进水利行业基础设施现代化升级，助力新型城镇化发展，优化产业结构调整，从而全面推进新时代水利现代化建设。加大非常规水源的开发利用，推进水资源集约节约利用，淘汰低效率、高耗水、重污染的落后产能，有利于促进地区产业结构优化和产业升级，走绿色经济、循环经济的发展道路，对于增加就业、引进投资、维持经济可持续发展起到重要的作用，实现社会经济的高质量发展，为全面建设社会主义现代化国家提供有力支撑。

目前，非常规水源作为城市水源的重要补充，能弥补城市的水资源供需缺口。同时，未来伴随国家推动高质量发展，一些潜在的新兴环保和资源节约利用产业如雨水利用、再生水利用、海水淡化、污水治理等，将迎来集中增长期，非常规水源利用产业将成为重要的新经济增长点。因此，伴随国家推动高质量发展，水公共产品和水公共服务需求必将迎来一个快速发展期。一方面大规模供排水管网改造将对相关市场形成强力拉动；另一方面一些潜在的新兴环保和资源节约利用产业，如雨水利用、再生水利用、海水淡化、污水治理等，必将带来水治理产业发展新的增长点。很多新兴水产业集中在非常规水源利用方面，必将为培育新经济增长点、促进经济结构转型带来契机。

综上所述，非常规水源开发利用有利于加快解决水资源短缺等民生水利问题，让水利改革发展成果更多惠及全体人民；能够加快构建水资源节约循环利用的空间格局、产业结构、生产方式和生活方式，不断提高用水效率和效益；有利于形成人水和谐的自然环境，建设水清河畅、岸绿景美的美好家园；促进水利基础设施现代化，建设资源节约型和环境友好型社会，实现水资源永续利用，实现水利高质量发展。因此，通过大力推动非常规水的利用及相关产业的发展，为社会经济营造创新与绿色协同、乐业与安居兼容的高质量发展环境，从而为美丽中国源源不断创造财富，为不断壮大我国经济实力和综合国力提供强有力的水利支撑，为全面建成小康社会、中华民族伟大复兴提供坚实的保障。

第三章

我国非常规水源开发利用现状

第一节　我国非常规水源开发利用总体情况

一、非常规水源利用总体规模

1. 总体规模

2020 年，全国非常规水源利用量为 128.1 亿 m^3。其中，再生水利用量为 109.0 亿 m^3，淡化海水利用量为 2.0 亿 m^3，集蓄雨水利用量为 8.2 亿 m^3，矿井水利用量为 8.9 亿 m^3，分别占非常规水源利用总量的 85%、2%、6% 和 7%（数据来源为水利部节约用水管理年报）。2020 年全国非常规水源利用量组成情况如图 3－1 所示。

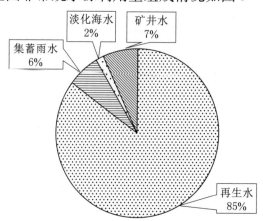

图 3－1　2020 年全国非常规水源利用量组成情况

2. 变化情况

近年来，我国非常规水源利用稳步推进。2011—2020 年全国非常规水源利用量对比情况见表 3-1 和图 3-2，数据显示我国再生水利用呈快速增长态势。与 2019 年相比，2020 年全国非常规水源利用量增加 23.7 亿 m^3，其中再生水利用量由 87.3 亿 m^3 增加到 109.0 亿 m^3，增加 21.7 亿 m^3；集蓄雨水利用量由 9.6 亿 m^3 减少到 8.2 亿 m^3，减少 1.4 亿 m^3；淡化海水利用量由 1.3 亿 m^3 增加到 2.0 亿 m^3，增加 0.7 亿 m^3；矿井水利用量由 6.2 亿 m^3 增加到 8.9 亿 m^3，增加 2.7 亿 m^3。

表 3-1　　2011—2020 年全国非常规水源利用量对比情况　单位：亿 m^3

年份	非 常 规 水 源				合计
	再生水	集蓄雨水	淡化海水	矿井水	
2011	32.9	10.9	1.0		44.8
2012	35.8	7.7	1.1		44.6
2013	36.8	12.3	0.8		49.9
2014	46.5	10.1	0.9		57.5
2015	52.7	11.2	0.7		64.6
2016	59.2	10.0	1.3		70.8
2017	66.1	13.8	1.2		81.1
2018	73.5	11.4	1.5		86.4
2019	87.3	9.6	1.3	6.2	104.4
2020	109.0	8.2	2.0	8.9	128.1

注　2011—2018 年未对矿井水利用量进行统计。

二、非常规水源利用分区域情况

从全国不同区域来看，2020 年非常规水源利用量在 10 亿 m^3 以上的省级行政区有北京、山东、江苏、河南，其中北京非常规水源利用量最高，为 12.0 亿 m^3；非常规水源利用量在 1 亿 m^3 以下的省级行政区有西藏、上海、海南、湖北、青海和宁夏。2020 年各省级行政区非常规水源利用情况见表 3-2 和图 3-3。

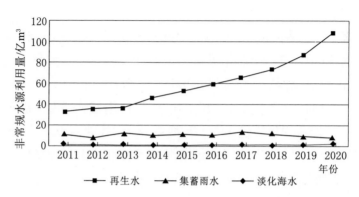

图 3 - 2　2011—2020 年全国非常规水源利用量变化情况

表 3 - 2　　　2020 年各省级行政区非常规水源利用情况　　单位：亿 m³

省级行政区	再生水	集蓄雨水	淡化海水	矿井水
北京	12.0	0.0	0.0	0.0
天津	5.2	0.0	0.4	0.0
河北	9.2	0.3	0.2	0.1
山西	3.9	0.0	0.0	1.6
内蒙古	4.6	0.0	0.0	2.5
辽宁	5.6	0.0	0.1	0.0
吉林	2.3	0.0	0.0	0.0
黑龙江	1.3	0.0	0.0	0.5
上海	0.1	0.0	0.0	0.0
江苏	11.7	0.0	0.0	0.0
浙江	3.1	0.1	0.7	0.0
安徽	4.9	0.4	0.0	0.5
福建	1.6	0.1	0.1	0.0
江西	0.4	1.4	0.0	0.5
山东	10.1	0.6	0.3	0.9
河南	9.4	0.1	0.0	1.1
湖北	0.4	0.1	0.0	0.0
湖南	2.4	0.0	0.0	0.0

续表

省级行政区	再生水	集蓄雨水	淡化海水	矿井水
广东	2.8	0.6	0.2	0.0
广西	1.5	0.7	0.0	0.0
海南	0.3	0.0	0.0	0.0
重庆	4.4	0.1	0.0	0.0
四川	0.5	0.6	0.0	0.0
贵州	0.0	0.0	0.0	1.0
云南	1.6	0.7	0.0	0.0
西藏	0.1	0.0	0.0	0.0
陕西	3.8	0.2	0.0	0.0
甘肃	1.9	2.1	0.0	0.2
青海	0.4	0.1	0.0	0.0
宁夏	0.3	0.0	0.0	0.2
新疆	3.0	0.0	0.0	0.1
全国	109.0	8.2	2.0	8.9

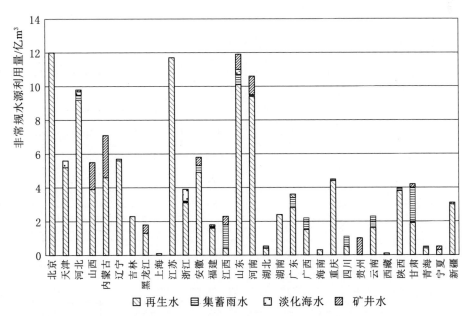

图 3-3 2020 年各省级行政区非常规水源利用情况

第二节 非常规水源开发利用情况

一、再生水开发利用情况

根据《2020年城乡建设统计年鉴》，2020年全国污水处理厂达2618座，城市污水处理量达557.28亿 m^3，污水处理率达97.53%，全国城市再生水利用率为24.29%（污水再生利用量/污水处理量）。

从不同的区域来看，再生水利用率与城市缺水程度直接相关，也与经济社会发展水平有一定关系，京津冀等缺水地区及部分珠三角城市相对靠前。2020年，北京市、天津市、河北省市政再生水利用量分别为12.01亿 m^3、3.55亿 m^3、7.09亿 m^3，再生水利用率分别为65.04%、32.63%和41.36%（表3-3）。广东省市政再生水利用量为28.04亿 m^3，再生水利用率为34.56%，其中深圳市2020年水资源公报数据显示，深圳市2020年非常规水源供水量1.26亿 m^3，其中再生水1.21亿 m^3，约占96.0%。

表3-3　　2020年各地区污水处理和再生水利用情况

地 区 名 称	污水处理厂座数/座	污水处理总量/亿 m^3	市政再生水生产能力/（万 m^3/d）	市政再生水利用量/亿 m^3	市政再生水管道长度/km	再生水利用率/%
全国	2618	557.28	6095	135.38	14630	24.29
北京	70	18.47	688	12.01	2074	65.04
天津	44	10.87	171	3.55	1988	32.63
河北	93	17.13	484	7.09	744	41.36
山西	48	9.57	235	2.38	512	24.88
内蒙古	41	6.47	162	2.53	1445	39.09
辽宁	131	30.77	243	3.38	287	10.97
吉林	50	12.75	77	1.86	76	14.56
黑龙江	69	11.86	43	2.68	104	22.57

续表

地区名称	污水处理厂座数/座	污水处理总量/亿 m³	市政再生水生产能力/(万 m³/d)	市政再生水利用量/亿 m³	市政再生水管道长度/km	再生水利用率/%
上海	42	21.41	0	0.00	0	0
江苏	206	46.46	510	12.55	938	27.02
浙江	106	33.08	185	3.88	261	11.72
安徽	96	20.33	284	7.79	164	38.34
福建	55	13.97	163	2.90	100	20.75
江西	68	10.82	0	0.00	0	0.02
山东	218	33.59	601	14.83	1304	44.16
河南	110	19.15	337	7.20	650	37.61
湖北	101	27.88	172	4.77	20	17.11
湖南	92	23.78	83	2.04	136	8.59
广东	320	81.13	862	28.04	57	34.56
广西	63	15.15	51	1.67	2	11.05
海南	25	3.67	23	0.25	140	6.71
重庆	80	13.96	15	0.15	77	1.06
四川	149	24.96	131	3.20	81	12.83
贵州	101	9.14	33	0.52	17	5.69
云南	59	10.65	49	3.46	591	32.53
西藏	9	0.97	2	0.00	25	0.02
陕西	57	12.77	216	2.75	344	21.57
甘肃	30	4.70	59	0.57	1059	12.20
青海	14	1.76	18	0.31	80	17.55
宁夏	23	2.72	53	0.68	473	24.87
新疆	38	6.29	112	2.25	859	35.82
新疆生产建设兵团	10	1.04	31	0.08	24	8.09

注　数据来源于《2020年城乡建设统计年鉴》。

从再生水的应用领域看，再生水利用以河湖补水、环卫绿化等生态环境用水为主，少量为工业、建筑业的生产用水，极少量为农业灌溉和服务业、居民家庭的生活用水。2020 年，北京全市再生水利用量达 12.01 亿 m^3，其中再生水河湖补水 11.07 亿 m^3、工业用水 0.58 亿 m^3、环卫绿化用水 0.19 亿 m^3，其余用于生活用水，分别约占年度再生水使用总量的 92.2%、4.8%、1.6%。

从全国城市污水处理及再生水利用情况（表 3-4）看，我国再生水利用总量、处理能力、固定资产投资、管道建设等方面呈现不断增加趋势。2020 年与 2011 年相比，全国污水处理厂数量由 2011 年的 1588 座增加至 2020 年的 2618 座，再生水利用量从 2011 年的 26.83 亿 m^3 增加至 2020 年的 135.38 亿 m^3，再生水利用率由 7.95%增加至 24.29%，再生水生产能力由 1389 万 m^3/d 增加至 6095 万 m^3/d，再生水管道长度由 5851km 增加至 14630km。

表 3-4　2011—2020 年全国城市污水处理及再生水利用情况

年份	污水处理量 /亿 m^3	污水处理率 /%	污水处理厂 /座	再生水利用量 /亿 m^3	污水处理及其再生利用固定资产投资 /亿元	再生水利用率 /%	再生水生产能力 /（万 m^3/d）	再生水管道长度 /km
2011	337.61	83.63	1588	26.83	303	7.95	1389	5851
2012	343.79	87.30	1670	32.08	279	9.33	1453	6440
2013	381.89	89.34	1736	35.42	354	9.27	1761	7193
2014	401.62	90.18	1807	36.35	404	9.05	2065	7498
2015	428.83	91.90	1944	44.49	513	10.38	2317	8499
2016	448.79	93.44	2039	45.27	490	10.09	2762	9031
2017	465.49	94.54	2209	71.34	451	15.33	3588	12893
2018	497.61	95.49	2321	85.45	803	17.17	3578	10339
2019	536.93	96.81	2471	116.08	804	21.62	4429	12140
2020	557.28	97.53	2618	135.38	10436	24.29	6095	14630

注　数据来源于住房城乡建设部公布的历年城乡建设统计年鉴。

二、海水淡化利用情况

海水利用包括海水淡化利用与海水直接利用。海水淡化利用就是将海水进行脱盐生产淡水。海水直接利用就是以海水为原水，直接替代淡水作为工业和生活用水，主要作为火（核）电的冷却用水。近年来我国海水利用迅速发展，工程规模进一步扩大。沿海各地深入开展海水利用的科技创新与成果转化，探索新的发展模式。

从海水淡化利用情况来看，根据《2020 年全国海水利用报告》，截至 2020 年底，全国现有海水淡化工程 135 个，工程规模 165.11t/d，新建成海水淡化工程规模 6.49t/d。年海水冷却用水量 1698.14 亿 t，比 2019 年增加了 212.01 亿 t。天津、山东、江苏等省（直辖市）研究制定支持海水利用的政策措施，天津海水淡化产业（人才）联盟、胶东经济圈海水淡化与综合利用产业联盟和山东省海水淡化利用协会相继成立，促进海水利用产业在沿海地区进一步集聚发展。新发布海水利用标准 16 项，包括国家标准 11 项、行业标准 4 项、地方标准 1 项。

1. 海水淡化工程规模

根据《2020 年全国海水利用报告》数据显示，全国海水淡化工程规模连续 15 年增加（图 3-4）。截至 2020 年底，全国现万吨级及以上海水淡化工程 40 个，工程规模 145.24 万 t/d；千吨级及以上、万吨级以下海水淡化工程 50 个，工程规模 18.89 万 t/d；千吨级以下海

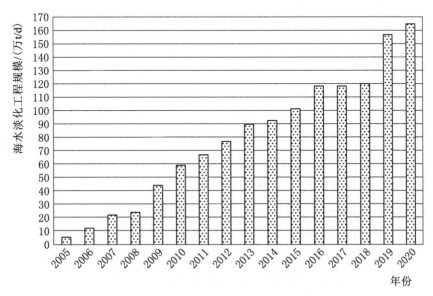

图 3-4　全国海水淡化工程规模增长情况

水淡化工程 45 个，工程规模 0.97t/d。

2020 年，全国新建成海水淡化工程 14 个，工程规模 6.49 万 t/d，分布在河北、山东、江苏和浙江（图 3－5），主要用于沿海城市钢铁、电力、冶金等工业用水和海岛地区生活用水。

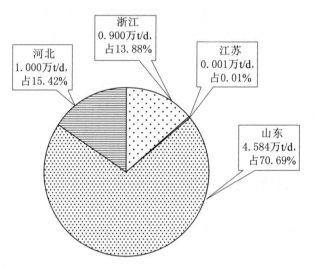

浙江
0.900万t/d，
占13.88%

河北
1.000万t/d，
占15.42%

江苏
0.001万t/d，
占0.01%

山东
4.584万t/d，
占70.69%

图 3－5　2020 年新建成海水淡化工程规模分布及占比

2. 区域分布与用途

截至 2020 年底，全国海水淡化工程分布在沿海 9 个省（直辖市）水资源严重短缺的城市和海岛（图 3－6）。辽宁现有海水淡化工程规模 11.48 万 t/d，天津现有海水淡化工程规模 30.60 万 t/d，河北现有海水淡化工程规模 31.57 万 t/d，山东现有海水淡化工程规模 37.14 万 t/d，江苏现有海水淡化工程规模 0.50 万 t/d，浙江现有海水淡化工程规模 41.39 万 t/d，福建现有海水淡化工程规模 2.66 万 t/d，广东现有海水淡化工程规模 8.68 万 t/d，海南现有海水淡化工程规模 1.09 万 t/d。其中，海岛地区现有海水淡化工程规模 39.85 万 t/d。

海水淡化水的主要用途以工业用水和生活用水为主。其中，用于工业用水的海水淡化主要集中在沿海地区北部、东部和南部海洋经济圈的电力、石化、钢铁等高耗水行业；用于生活用水的海水淡化主要集中在海岛地区和北部海洋经济圈的天津、青岛 2 个沿海城市。2020 年，新增海水淡化工程用于工业用水主要是为首钢京唐钢铁厂、烟台

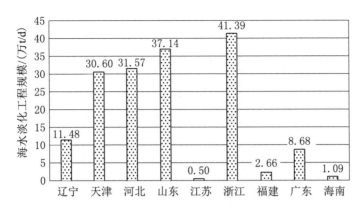

图 3－6　全国沿海省（直辖市）现有海水淡化工程规模分布

南山铝业、大唐东营电厂等高耗水企业提供高品质工业用水；新增海水淡化工程用于生活用水主要是为舟山和烟台缺水海岛提供可靠的水资源供给。

3. 技术应用

截至 2020 年底，全国应用反渗透技术的工程 118 个，工程规模107.85 万 t/d，占总工程规模的 65.32%；应用低温多效技术的工程15 个，工程规模 56.55 万 t/d，占总工程规模的 34.25%；应用多级闪蒸技术的工程 1 个，工程规模 0.60 万 t/d，占总工程规模的 0.36%；应用电渗析技术的工程 2 个，工程规模 0.06 万 t/d，占总工程规模的0.04%；应用正渗透技术的工程 1 个，工程规模 0.05 万 t/d，占总工程规模的 0.03%（图 3－7）。2020 年，新增海水淡化工程全部采用反渗透技术。

从海水直接利用情况来看，《2020 年全国海水利用报告》数据显示，2020 年，沿海核电、火电、钢铁、石化等行业海水冷却用水量稳步增长（图 3－8）。据测算，2020 年全国海水冷却用水量 1698.14 亿 m³，比 2019 年增加了 212.01 亿 m³。广东省 2020 年海水直接利用量434.9 亿 m³，主要为深圳、江门、阳江、惠州、湛江、汕头、汕尾、揭阳、东莞、珠海、广州、中山和潮州等 13 个沿海地市火核电直流式冷却用水；山东省 2020 年海水直接利用量 77.99 亿 m³。

从海水直接利用的区域分布来看，辽宁、天津、河北、山东、江苏、上海、浙江、福建、广东、广西、海南 11 个沿海省（自治区、直辖市）

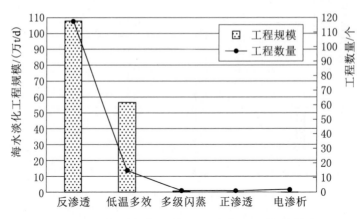

图 3-7 全国海水淡化工程技术应用情况分布

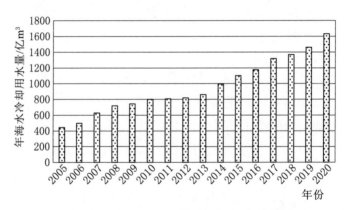

图 3-8 全国海水冷却用水量增长情况

均有海水冷却工程分布(图 3-9)。2020 年,辽宁、山东、江苏、浙江、福建、广东年海水冷却用水量超过百亿立方米,分别为 139.14 亿 m^3、123.09 亿 m^3、112.33 亿 m^3、333.74 亿 m^3、249.24 亿 m^3、564.11 亿 m^3。

在技术应用方面,国内海水直流冷却技术成熟,主要应用于沿海电力、石化和钢铁等行业。2020 年,江苏、福建两台核电机组实现并网运行,核电行业海水冷却用水量持续上升。海水循环冷却技术在沿海推广应用,截至 2020 年底,我国已建成海水循环冷却工程 22 个,总循环量为 192.48 万 t/h。

在海水化学资源利用方面,调查数据显示,2020 年,除海水制

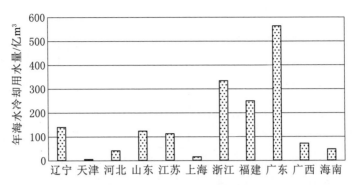

图 3 - 9　全国沿海省（直辖市）年海水冷却用水量分布

盐外，海水化学资源利用产品主要包括溴素、氯化钾、氯化镁、硫酸镁、硫酸钾，生产企业主要分布于天津、河北、山东、福建和海南等地。山东省通过实施重点研发计划项目"地下卤水高效节能提溴产业化创新装置研发、示范与推广"，将海水提溴高效节能产业化技术拓展应用至地下卤水，开展"地下卤水高效节能提溴产业化装置"研制，2020 年 11 月在山东潍坊建成示范装置并开展运行调试。

三、雨水利用情况

非常规水源中的雨水是指对不能形成河川径流的有效降雨加以利用，一般通过人工建立微型水工程，对雨水进行收集、蓄存和调节利用。传统上，雨水利用统计范围为农村集雨工程供水量，主要供水对象为农村饮水与灌溉。近年，随着我国农村饮水安全与提质增效工程的实施，集雨工程供水量的规模呈下降趋势。2011 年，全国集雨工程供水量为 10.9 亿 m³，2020 年为 8.2 亿 m³。从部分地区看，截至 2020 年底，北京市已建成城镇雨水利用工程 2899 处，综合利用能力达 7026.74 万 m³，2020 年综合利用量 5057.32 万 m³。深圳市 2020 年集蓄雨水供水量 479.93 万 m³，占非常规水源供水量的 3.8%。部分省（自治区）集雨工程供水量逐步减少，不再进行统计。

近年来，全国大力推进海绵城市建设，通过人工强化的滞蓄净化等方式控制城市建设下垫面降水径流，部分用于绿地灌溉、城市环卫、景观用水等。严格来说，绿化等利用的水量属于雨水利用的范

41

畴。目前，对这部分水量尚没有系统权威的统计。

为解决水资源短缺问题，雨水收集利用是主要突破口之一。雨水作为一种相对丰富的淡水资源，相较于城市污水和建筑中水，其水质条件更为良好，处理成本也更为低廉，经过适当处理后即可满足生活杂用和工业应用，深度消毒后也可作为饮用水源补充用水。如果能将"过剩"雨水加以收集利用，不仅能缓解淡水资源短缺的问题，更能够减轻城市防洪排涝的安全压力，降低城市径流污染和面源污染的危害，最终实现雨水资源的合理利用，变害为利，对于海绵城市建设也大有裨益。雨水相对清洁、低成本、易收集、易蓄集的特性使得雨水的收集利用具有广阔的应用前景。

（一）农村雨水利用

农村雨水利用是指在农村范围内，有目的地采用闸坝、坑塘、低洼地、老河湾、沙石坑和排水渠等各种措施，拦蓄雨洪、蓄滞雨洪，实现对雨水收集、蓄存、净化、保护及利用。农村雨水利用的目的在于通过拦蓄、分流及储存等方式延长汇流时间、增加雨水入渗，相当于减小了降雨径流系数，可以控制削减洪峰、减少外排流量及缓解区域防洪压力与水资源紧缺问题。

在国家有关部委和地方各级政府的支持下，我国积极推广雨水集蓄利用技术，取得了显著成效。尤其是西北的甘肃、宁夏和内蒙古，西南的四川、广西、贵州和云南，以及东南沿海岛屿，积极开展雨水利用试验研究和示范推广工程，促进雨水资源化，为缓解当地水资源不足发挥了积极作用。受统计资源限制，2016年，全国有25个省（自治区）700多个县相继实施雨水集蓄工程。

以北京农村雨水利用发展情况为例，北京市雨水利用基础条件较好，北京市农村雨水利用工程建设虽然时间较短，但是建设发展迅速，其规模从2006年的200处增加到2011年的900处，到2014年末雨水利用工程已达到1200多处。雨水利用工程有效地缓解了农村水资源短缺地区的生态、生产用水，补充灌溉水源，发展农业生产，取得了良好的经济、社会和生态效益。

根据雨水集蓄模式，北京市农村雨水利用工程类型主要分为5种模式，即坑塘型、塘坝型、沟道型、庭院型和膜面型等。北京市 14 个区县 2014 年之前所建成的农村雨水利用工程现在实际存在 998 处，按照上述 5 种类型划分，绝大部分农村雨水利用工程属于坑塘型雨水利用工程。

坑塘型雨水利用工程居多、应用广泛，适用于平原或山丘地区，主要用于农业灌溉、滞洪蓄水及景观生态等，蓄水能力最大；沟道型雨水利用工程一般结合生态小流域建设，主要用于滞洪蓄水、灌溉、景观生态及地下水涵养等，蓄水能力较大；塘坝型雨水利用工程一般适用于山丘区的洼地，主要用于滞洪蓄水、灌溉、景观生态等，蓄水能力大；庭院型雨水利用工程适用于社区、居民区及企事业单位，主要用于绿化景观、浇洒道路等，蓄水能力小。膜面型雨水利用工程一般通过修建集雨窖（池）、集流槽、沉淀池和蓄水池等设施将降落在温室、大棚等设施棚膜表面上的雨水收集存储起来，再将雨水通过微灌施肥系统高效利用于设施农业生产。

（二）城市雨水利用

2013 年 12 月，在中央城镇化工作会议上，习近平总书记指出要建设自然积存、自然渗透、自然净化的"海绵城市"。2014 年 12 月，财政部、住房城乡建设部、水利部联合发布了关于《中央财政支持海绵城市建设试点工作的通知》；2015 年 7 月，住房城乡建设部出台了《海绵城市建设绩效评价与考核办法》。作为加强城市规划建设管理、缓解城市内涝的一项重大工程，海绵城市建设在全国许多城市陆续铺开，也有很多雨水利用的经典示范案例。

城市雨水利用技术类型可分为雨水直接利用技术、雨水间接利用技术和雨水综合利用技术。

1. 雨水直接利用技术

雨水直接利用技术指利用屋面、道路、广场、停车场等不透水区域作为集水面收集雨水，收集的雨水经适度的处理后用于冲厕、绿化、洗涤、消防和景观等非饮用水的补充水源，从而减少市政供水的使用，改善地表径流污染。由于降雨存在时空分布的差异性，雨水无法满足作为独立水源的条件，往往需要和其他水源互相补充。雨水直接利用系统一般包括收集、弃流、输送、处理、储存和配水等几个部分。根据《城市污水再生利用—城市杂用水水质》（GB/T 18920—2020）标准和回用水目的对雨水进行适度处理，在确保回用雨水安全的前提下降低运行成本。

2. 雨水间接利用技术

雨水间接利用技术主要利用透水路面、渗透井、绿地、湿地等人工或自然渗透面，结合物理过滤和生物净化去除污染物，从而延长径流时间，减缓径流流速，回灌地下水，改善地下水超采和地面下陷的问题，最终修复自然水系循环过程。

3. 雨水综合利用技术

雨水综合利用涉及雨水下渗、调蓄、回用和环境保护等方面，需要根据用水目的有选择性地选择雨水直接和间接利用，这种技术更加安全、可靠，是目前城市雨水利用的最高水平。雨水综合利用是指降雨初期尽可能使得雨水储存在土壤涵养层，土壤涵养层的雨水一部分被植物根系吸收，维持土壤含水率，一部分补充地下水，促进自然水循环，防止地面沉降；待土壤涵养层含水率趋于饱和后，后续降雨可能会造成溢流或径流污染，此时根据城市用水需要或储水能力集蓄雨水，对于过量雨水，利用城市雨水管网排放。

我国的城市雨水收集利用在我国起步较晚，自20世纪80年代起陆续开展雨水收集利用的研究与实践，多应用于干旱缺水地区的小型、非标准局部应用。步入21世纪后，我国城市雨水利用进程明显加快，雨水收集利用水平逐步提高，北京、上海、西安等城市陆续实施了一批雨水收集利用工程。

2008年北京奥运会期间，北京市除建成奥林匹克公园中心区的雨水收集利用系统，在各奥运场馆及人行道、广场、庭院广泛应用透水砖，减少了地表径流和污染，补充了地下水源。西安市政府为恢复"八水绕长安"的盛景，近年来积极支持雨水收集利用示范项目建设。2016年，户县玉立芳华幼儿园新建雨水收集利用工程，经简单处理后，可用于绿化灌溉、景观喷泉等，实现水资源的节约利用和优化配置。

上海市先后在国家会展中心展厅（上海）和上海中心大厦利用虹吸式雨水系统收集利用雨水；上海世博园核心区域采用了雨水回收利用系统，利用屋顶绿化、浅层地下雨水蓄渗、低势绿地、渗透沥青路面与广场等措施集蓄和下渗雨水。另外，上海在大型农业园区、公共绿地、公共建筑、高架道路和住宅小区等场所实施了部分雨水利用工程。例如，在临港试点区依托海绵城市建设，雨水年利用量达 10.78 万 km^2。在上海世博城市最佳实践区内，以雨洪控制、生态环境改善、雨水资源利用、世博会遗留设施再利用为目标，建成了"渗、蓄、净、用、滞、排"六位一体的海绵城市改造示范工程。

广州稳步推进海绵城市建设，雨水资源化利用成效初显。2017 年以来，陆续印发实施《广州市海绵城市专项规划》《广州市城市绿地系统海绵城市专项规划》和 27 项海绵城市建设管控制度文件。截至 2019 年底，全市海绵城市建设累计已完成投资 330 亿元，海绵城市建设达标面积为 311.5km²，占全市建成区总面积的 20%。2019 年雨水资源化利用量达 4226 万 m³，雨水资源化利用量占年均降雨量的比例为 3.1%。

四、矿井水利用情况

根据 2020 年节约用水管理年报数据显示，2020 年全国矿井水利用量为 8.9 亿 m³，利用量较多的省份有内蒙古、山西、河南、贵州，分别为 2.5 亿 m³、1.6 亿 m³、1.1 亿 m³、1 亿 m³。山西省 2019 年水资源公报数据显示，2019 年全省供水总量为 75.9714 亿 m³，其中矿井水利用量为 2.3111 亿 m³，占比约 3%。

矿井水资源化利用、发展矿区循环经济，是缓解我国北方地区"富煤贫水"矛盾的重要举措，也是实现经济社会可持续发展的现实选择。根据对山西、陕西、内蒙古、宁夏、新疆、山东、河南、吉林、安徽、江苏、贵州等 11 个主要产煤省（自治区）的 53 处煤矿调查研究结果，53 处煤矿主要分布于山西中部、山西北部、新疆北部、陕西北部、内蒙古东部等地区，基本涵盖了我国主要煤矿及矿井水资源化地区。2013 年，53 处煤矿矿井水产生量共计 20889.8 万 m³，随着国家去产能及采煤保水技术的提高，到 2018 年，煤矿矿井水产量略有所下降，为 19658.6 万 m³，但矿井水资源化利用量从 2013 年的 9041.2 万 m³ 增长到 2018 年的 11440.5 万 m³，矿井水资源化利用率逐年提高，从 2013 年的 43.28%增长到 2018 年的 58.20%。

2013—2018 年我国矿井水资源化利用分行业相差不大，如图 3-10 所示。矿井水资源化利用中，2018 年工业用水占比达 59%；生态用水次之，为 32%；农业用水最少，仅为 1%；其他年份矿井水资源化利用中工业用水和生态用水也基本占据 80%以上。工业方面，资源化利用的矿井水主要用于煤炭开采及加工过程中的井下灭火、除尘、防爆、洗煤、消防等；生态方面，矿井水则主要用于生态绿化、河道补水等方面；在民用和农业方面，矿井水主要用于浴室、锅炉用水和灌溉用水。矿井水基本上是采矿区利用。

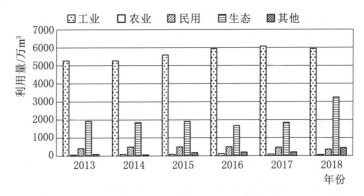

图 3-10　2013—2018 年煤矿矿井水资源化分行业利用情况

从地理分区来看，我国矿井水资源化利用率在分区上有着明显的差异，如图 3-11 所示。由图可见，华北地区矿井水资源化利用率最高，且从 2013 年开始，矿井水资源化利用率整体呈上升趋势，2018 年超过了 93%，这与华北地区矿井水水质较好（多为洁净矿井水和含悬浮物矿井水）和水资源供需矛盾突出有关。华中、西南、华东地区矿井水资源化利用率基本保持不变，分别在 75%、60%、60%左右浮动，矿井水资源化利用率没有进一步突破的原因是这些地区水资源相对较为充足且矿井水水质较差，矿井水利用成本相对偏高。西北地区的矿井水资源化利用率从 59%上升至 73%，利用率稳步上升，主要原因是地下水库等矿井水就地使用概念的提出与实际应用。东北地区矿井水资源化利用率有较大的突破，尤其从 2015 年开始，矿井水资源化利用率大幅上升，这主要与锡林郭勒盟几大露天煤矿矿井水利用率大幅提升有关。

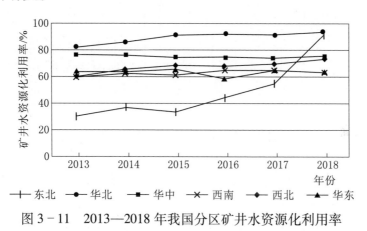

图 3-11　2013—2018 年我国分区矿井水资源化利用率

五、微咸水利用情况

根据第二次水资源评价成果，全国微咸水区面积为 20.77 万 km^2，多年平均年地下水补给量为 97.8 亿 m^3，其中新疆、河北、山东、内蒙古微咸水区多年平均年地下水补给量分别为 22 亿 m^3、11.7 亿 m^3、11 亿 m^3、9.3 亿 m^3，其他省份补给量较少；其他咸水区面积为 9 万 km^2，多年平均年地下水补给量为 42.7 亿 m^3。目前咸水利用以微咸水利用居多。微咸水主要用于农业灌溉、水产养殖、工业（如电力冷却、造纸、印染等）或经过淡化处理后用于饮用。近年随着我国农村饮水安全与提质增效工程、灌区续建配套与节水改造工程的实施，微咸水利用量快速下降。2005 年微咸水利用量为 5.8 亿 m^3，2017 年利用量仅为 2.03 亿 m^3，如图 3-12 所示。

2020 年河北省水资源公报数据显示，河北省 2020 年地下水源供水量中，浅层水供水量为 71.39 亿 m^3、深层水供水量为 16.22 亿 m^3、微咸水供水量为 0.55 亿 m^3，微咸水供水量约占地下水源供水量的 0.6%。

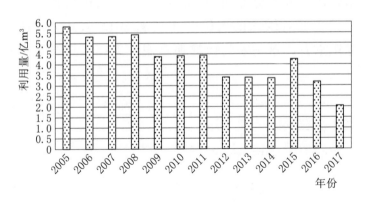

图 3－12　我国历年微咸水利用量

　　我国微咸水利用主要分布于北方和沿海地区。由于各地区气候、水资源分布的差异性，导致各地区的微咸水利用方式不尽相同。西北地区淡水资源分布较少，采用微咸水直接灌溉或咸水、淡水轮灌和混灌的方式，能够缓解淡水资源危机，解决农业灌溉用水紧缺问题。华北平原、山东半岛等地在降雨较少季节利用微咸水补灌 1~2 次，以保证作物的产量。滨海地区利用微咸水代替淡水进行农业和盐碱地改良，并得出先微咸水再淡水淋洗脱盐效果最佳的结论。然而微咸水灌溉易发生盐分累积现象，如新疆地区多年的膜下滴灌导致盐分的表层累积，华北、河套地区也出现盐分累积的现象。

　　1. 华北平原

　　华北平原位于我国中东部，气候为大陆型半干旱季风性气候，平原区年平均蒸发量为 1100mm，年平均降水量为 500~1000mm，降水主要集中在 6—8 月。华北平原多年持续使用微咸水使得土壤表层（0~20cm）和主根区（0~40cm）的含盐量有所上升。在该地区盐分调控的措施主要有咸淡水轮灌、滴灌、地面覆盖和引黄水秋灌等。咸淡水轮灌的方法在华北地区应用广泛，根据作物不同生育期耐盐性差异，在作物对盐分敏感期采用淡水灌溉，非敏感期采用微咸水灌溉。

　　根据中国地质调查局的研究，华北平原浅层微咸水开发利用方式主要有直接利用、间接利用和微咸水改良再利用三种主要形式。一是直接利用。主要是指用于农业灌溉，在国内外已有不少的成功经验。

在华北平原直接开采矿化度为 1~3g/L 的微咸水进行灌溉已经非常普遍。试验研究表明，利用矿化度小于 3g/L 的微咸水灌溉小麦、棉花、玉米等主要作物，产量与用淡水灌溉相近；用矿化度 3~5g/L 的微咸水直接灌溉小麦、玉米，其产量较不灌溉对比增产最高达 30%。在利用微咸水灌溉时，配合增加有机肥、麦秸还田等管理措施还能起到增产作用。此外，在滨海地区咸水可以直接用于养殖业和种植业，改善农业结构。滨海港口、化工、电力等工业冷却用水及城镇卫生用水也都不同程度地利用了地下微咸水，地下微咸水还可用于油田注水驱油，节约宝贵的淡水资源。二是间接利用。主要包括咸淡水轮灌和混灌。轮灌是根据水资源分布、作物种类及耐盐性和作物生育阶段等条件，交替使用微咸水与淡水进行灌溉；混灌把较高矿化度的微咸水与淡水按作物耐盐性确定比例混合后用于灌溉，以降低水的矿化度，减轻盐分对作物及土壤的危害。三是微咸水改良再利用。主要是利用微咸水改良后形成的淡水资源。除电渗析法、反渗透法、离子交换法、蒸馏法等常规工业咸水淡化方法外，还有其他很多较成熟的盐碱地治理方面咸水改良技术方法，主要包括水利工程措施、农业措施和化学改良等方法。

2. 河套灌区

河套灌区位于黄河中上游，包括内蒙古中部和宁夏北部地区，属大陆性季风气候，灌区年平均降水量为 150~200mm，主要集中在7—9 月，蒸发量为 1600~2000mm。该地区水资源非常匮乏，主要依靠过境的黄河水提供水源发展灌溉。近年来，由于灌区引黄水量的不断减少，为了维持农业的良性发展，开发利用了灌区地面以下的微咸水资源，广泛使用矿化度在 1~4g/L 范围间的微咸水进行农业灌溉，并结合高效节水的灌溉方法，从开源节流两个方面来解决用水问题。

3. 新疆地区

新疆地处我国内陆，属于温带大陆性气候，年蒸发量高达2000mm，而降水较少，年平均降水量在 150mm 左右，灌溉水资源极度匮乏。新疆将矿化度为 2~5g/L 的微咸水大量用于农业灌溉，除了传统的漫灌外，还运用滴灌、膜下滴灌等灌溉技术，使微咸水利用更加高效。滴灌可以改变根区土壤水盐分布，根区土壤含水率高，含盐量低，湿润体边缘盐分较高。很多学者研究表明在作物生育期内，滴头下方 $0\sim20cm$ 土层内含盐量下降；当初始含盐量较低时，微咸水矿化度对土壤盐分的影响在 $0\sim50cm$ 内比较明显。

第四章

非常规水源开发利用政策法规体系建设情况

第一节　相关法律法规建设情况

一、概述

据不完全统计，截至 2020 年底，与再生水利用直接相关的法规、规章及规范性文件共计 45 部，其中国家层面有 1 部部门规章、1 部规范性文件；地方层面有 4 部地方性法规，23 部地方政府规章，16 部地方规范性文件。内容涉及再生水利用的法律法规、规章及规范性文件共计 112 部，其中，国家层面有 10 部，包括 2 部法律、2 部法规、1 部部门规章、5 部规范性文件；地方层面有 8 部省级法规、6 部省级政府规章、52 部省级规范性文件、13 部地市级法规、13 部地市级政府规章、10 部地市级规范性文件。与海水利用、雨水集蓄利用、矿井水利用和微咸水利用相关的法律法规则相对较少。

二、再生水利用法律法规

（一）国家层面

1. 国家法律

（1）《中华人民共和国水法》（以下简称《水法》）（2016 年修正）。1988 年 1 月，我国颁布了《水法》，是新中国第一部水的基本法。2002 年 10 月，新修订的《水法》开始施行，修订后的新《水法》被定位为"水资源管理方面的基本法律"，突出节约用水，强化水资源的合理配置和保护，促进水资源的综合开发、利用，健全执法监督机制的原则。其中一些规定与再生水利用相关。

第二十三条规定："地方各级人民政府应当结合本地区水资源的实际情况，按照地表水与地下水统一调度开发、开源与节流相结合、节流优先和污水处理再利用的原则，合理组织开发、综合利用水资源。"该条款明确提出了水资源综合开发利用，应考虑再生水利用。

第五十二条规定："加强城市污水集中处理，鼓励使用再生水，提高污水再生利用率。"该条款明确提出了鼓励再生水利用。

（2）《中华人民共和国循环经济促进法》（2018年修正）（以下简称《循环经济促进法》）。第二十七条规定："国家鼓励和支持使用再生水。在有条件使用再生水的地区，限制或者禁止将自来水作为城市道路清扫、城市绿化和景观用水使用。"

2. 行政法规

目前国务院尚未针对再生水利用出台专门行政法规，但在一些已发布实施的行政法规中对再生水利用作出相关规定。

（1）《中华人民共和国抗旱条例》（2009年）。《中华人民共和国抗旱条例》规定，在发生轻度干旱和中度干旱的条件下，县级以上地方人民政府防汛抗旱指挥机构应当按照抗旱预案的规定，采取使用再生水、微咸水、海水等非常规水源等措施。

（2）《城镇排水与污水处理条例》（2014年）。第六条规定："县级以上人民政府鼓励、支持城镇排水与污水处理科学技术研究，推广应用先进适用的技术、工艺、设备和材料，促进污水的再生利用和污泥、雨水的资源化利用，提高城镇排水与污水处理能力。"

第三十七条规定："国家鼓励城镇污水处理再生利用，工业生产、城市绿化、道路清扫、车辆冲洗、建筑施工以及生态景观等，应当优先使用再生水"。县级以上地方人民政府应当根据当地水资源和水环境状况，合理确定再生水利用的规模，制定促进再生水利用的保障措施。再生水纳入水资源统一配置，县级以上地方人民政府水行政主管部门应当依法加强指导。

3．部门规章

除行政法规外，从部门规章和规范性文件层面对再生水开发利用进行规范，1995 年，原建设部颁布实施了《城市中水设施管理暂行办法》，主要从中水设施设计、运行维护、中水水质标准等方面提出相关规定。2017 年，水利部颁布实施了《关于非常规水源纳入水资源统一配置的指导意见》，提出了再生水配制的原则、目标、领域、方式和措施等。2021 年，国家发展改革委、科技部、工业和信息化部、财政部、自然资源部、生态环境部、住房城乡建设部、水利部、农业农村部、市场监管总局十部委发布实施了《关于推进污水资源化利用的指导意见》，提出了推进污水资源化的总体要求、重点领域、重点工程、体制机制、保障措施。

（二）地方层面

据不完全统计，各地出台了直接面向再生水利用的法规、规章与政策性文件共计 43 部，其中，地方性法规 4 部、地方政府规章 23 部、地方规范性文件 16 部。北京、天津、宁波、昆明、西安、呼和浩特等城市在再生水利用立法方面发展较快，率先在再生水利用领域颁布实施地方性法规、政府规章，有力推动了当地再生水利用。

1．地方性法规

天津、宁波、呼和浩特、西安等城市专门针对再生水利用出台了地方性法规，制订了相关条例。

（1）《天津市城市排水和再生水利用管理条例》（2012 年修订）。这是我国首部对再生水利用与管理进行规范的地方性法规。天津市于 2003 年 12 月颁布施行了《天津市城市排水和再生水利用管理条例》，在全国率先以地方立法的形式对再生水利用的规划、建设、设施管理、水质水量等作出了规定。2005 年 7 月对该条例进行了修订，进一步明确了再生水的使用范围，增加了有关不使用再生水的法律责任，强化了再生水的推广利用，加大了再生水行政管理的力度。2012 年 5 月 9 日对该条例进行第二次修订。

（2）《宁波市城市排水和再生水利用条例》（2021 年修订）。该条例对宁波市城市规划区内城市排水和再生水利用的规划、建设、管理进行了规范，规定自 2008 年 3 月 1 日起施行。该条例明确了城市排水行政主管部门在再生水利用方面的责任，鼓励建设再生水利用设施。在再生水供水管网到达区域内，再生水水质符合用水标准的前提下，有下列情形的，应当优先使用再生水：观赏性景观用水、湿地用水等景观环境用水；冷却用水、洗涤用水、工艺用水等工业用水；城市绿化、环境卫生、道路清扫、公厕冲洗等城市杂用水；建筑施工、车辆冲洗等用水；其他适宜使用再生水的情形。明确了禁止危及排水和再生水利用设施安全的活动：损毁、盗窃、穿凿、堵塞排水和再生水利用设施；向排水和再生水利用设施排放、倾倒剧毒、易燃易爆、腐蚀性废液废渣和垃圾、渣土、施工泥浆、油烟等废弃物；建设占压排水和再生水利用设施的建筑物、构筑物或者其他设施；其他危及排水和再生水利用设施安全的活动。

（3）《呼和浩特市再生水利用管理条例》（2020 年施行）。《呼和浩特市再生水利用管理条例》于 2020 年 1 月 1 日起正式实施，是全国设区的市制定出台的第一部专门针对再生水利用的地方性法规。《呼和浩特市再生水利用管理条例》共 28 条，对再生水利用经费保障、利用设施建设管理与保护，再生水水质标准、再生水使用范围、经营单位权责等内容进行了规范。将再生水纳入水资源统一配置，为全面推进再生水的发展提供了政策依据，也让呼和浩特市再生水利用管理在实施过程中有了明确的政策导向和依据。在加强再生水利用设施建设的同时，对禁止损害再生水利用设施作出专门规定，一方面加强对再生水利用设施的保护，一方面确保再生水使用安全。

（4）《西安市城市污水处理和再生水利用条例》（2020 年修正）。《西安市城市污水处理和再生水利用条例》对市行政区域内城市污水处理和再生水利用的规划、建设、运营和管理等活动进行了规范，于 2012 年 8 月 29 日西安市第十五届人民代表大会常务委员会第三次会议通过，2012 年 9 月 27 日陕西省第十一届人民代表大会常务委员会第三十一次会议批准实施。2016 年、2018 年、2020 年进行了修正。《西安市城市污水处理和再生水利用条例》明确市水行政主管部门主管本市城市污水处理和再生水利用工，发展改革、财政、环保、市政公用、规划、国土、建设、房管、价格、城市管理、农林、公安等部门应当依据职责，做好城市污水处理和再生水利用的相关工作。条例明确了城市污水处理和再生水利用规划和建设、再生水纳入水资源统一配置、再生水利用设施的维护、相关法律责任等内容。

2. 地方政府规章

据不完全统计，北京、天津、河北、辽宁、黑龙江、安徽、山东、福建、四川、陕西、云南、宁夏、内蒙古等 13 个省（自治区、直辖市）的 17 个城市，以及深圳、大连、宁波、青岛 4 个计划单列市颁布了直接针对再生水利用的地方部门规章，如《北京市中水设施建设管理试行办法》《北京市排水和再生水管理办法》《昆明市再生水管理办法》《昆明市城市再生水利用专项资金补助实施办法》《沈阳市再生水利用管理办法》等详见表 4-1。

表 4-1　　　　地方层面再生水利用法规、规章

类别	地区	名　　称	施行时间
条例	天津	天津市城市排水和再生水利用管理条例	2003 年 9 月 10 日
	宁波	宁波市城市排水和再生水利用条例	2008 年 3 月 1 日
	呼和浩特	呼和浩特市再生水利用管理条例	2020 年 1 月 1 日
	西安	西安市城市污水处理和再生水利用条例	2012 年 12 月 1 日
规章	北京	北京市排水和再生水管理办法	2010 年 1 月 1 日
	天津	天津市再生水利用管理办法	2015 年 10 月 1 日
	河北	唐山市城市再生水利用管理暂行办法	2006 年 11 月 1 日
	辽宁	沈阳市再生水利用管理办法	2020 年 3 月 1 日
	哈尔滨	哈尔滨市再生水利用管理办法	2012 年 2 月 1 日
	安徽	淮北市城市中水利用管理办法	2009 年 9 月 23 日
	山东	山东省城市中水设施建设管理规定	1998 年 10 月 7 日
		济南市城市中水设施建设管理暂行办法	2003 年 1 月 1 日
		烟台市城市再生水利用管理办法	2013 年 7 月 1 日至 2018 年 6 月 30 日
		潍坊市城市中水设施建设管理办法	2011 年 7 月 8 日
		临沂市城市中水设施建设管理暂行办法	2010 年 4 月 19 日

续表

类别	地区	名　　称	施行时间
规章	云南	昆明市再生水管理办法	2010 年 10 月 1 日
		昆明市城市再生水利用专项资金补助实施办法	2009 年 4 月 1 日
		昆明市城市中水设施建设管理办法	2004 年 5 月 1 日
		安宁市再生水利用管理办法	2010 年 6 月 14 日
	宁夏	银川市再生水利用管理办法	2007 年 11 月 1 日
	内蒙古	包头市再生水管理办法	2012 年 8 月 1 日
	深圳	深圳市再生水利用管理办法	2014 年 1 月 22 日
	大连	大连市城市中水设施建设管理办法	2003 年 12 月 3 日修订
	青岛	青岛市城市再生水利用管理办法	2004 年 2 月 1 日
	厦门	厦门市城市再生水开发利用实施办法	2015 年 10 月 16 日

（1）《北京市中水设施建设管理试行办法》（1987 年 6 月，2010年 11 月 27 日修订）。1987 年，北京市颁布了《北京市中水设施建设管理实行办法》，这是我国首部关于中水利用的地方性规章。该办法规定：凡建筑面积超过 2 万 m^2 的宾馆、饭店和公寓，超过 3 万 m^2 的机关、科研单位、大专院校和大型文化、体育等建筑都要建中水设施。之后，深圳、大连、济南也相继出台了中水利用的管理暂行办法或管理办法。我国中水设施建设开始进入依法实施的阶段。

（2）《北京市排水和再生水管理办法》（2010 年 1 月施行）。北京市自 2004 年成立水务局以来，不断加大再生水利用工作力度。2009年，北京市出台了《北京市排水和再生水管理办法》。规范了再生水使用的适用范围："再生水主要用于工业、农业、环境等用水领域。新建、改建工业企业，农田灌溉应当优先使用再生水；河道、湖泊、景观补充水优先使用再生水；再生水供水区域内的施工、洗车、降尘、园林绿化、道路清扫和其他市政杂用用水应当使用再生水。"赋予水行政主管部门再生水管理职责，明确由水行政主管部门承担排水设施管理职能，规定："城镇地区公共排水和再生水设施的运营单位，由水行政主管部门会同有关部门确定。专用排水和再生水设施由所有权人负责运营和养护，并承担相应资金。其中，住宅区实行物业管理的，由业主或者其委托的物业服务企业负责；有住宅管理单位的，由住宅管理单位负责。"为加强北京市公共排水和再生水设施的建设、运营管理，规范公共排水和再生水设施建设和运营养护工作，根据《北京市排水和再生水管理办法》和有关法律法规，北京市水务局印发了《北京市排水和再生水设施建设管理暂行规定》和《北京市排水和再生水设施运行管理暂行规定》。

（3）《昆明市再生水管理办法》（2010年10月施行）。该项规章明确了昆明市再生水的管理体制，由市水行政主管部门主管本行政区域内的再生水工作。发展改革、环境保护、滇管、规划、住建、园林绿化等部门按照各自职责，共同做好再生水管理的相关工作。规章突出了三方面内容：一是范围扩大到昆明市行政区域；二是突出了分散式再生水利用设施委托具有环境污染治理设施运营资质的专业公司进行运行管理的要求；三是突出了再生水利用的保障措施。

（4）《昆明市城市再生水利用专项资金补助实施办法》（2009年4月实施）。2009年，昆明市人民政府办公厅印发了《昆明市城市再生水利用专项资金补助实施办法》，率先建立再生水利用补助与设施补建的资金补助机制。明确了在按月抽检水质并达标前提下，按实际处理使用的再生水水量给予再生水利用设施管理单位0.70元/m^3的再生水利用资金补助；规范了住宅小区等有关单位补建分散式再生水利用设施的资金补助标准及操作细则。

（5）《沈阳市再生水利用管理办法》（2020年3月实施）。该项规章规定沈阳市人民政府水行政主管部门负责本市再生水利用的规划和监督管理，区、县（市）人民政府水行政主管部门负责本行政区域内再生水利用的监督管理。沈阳市人民政府水行政主管部门应当将再生水利用纳入水资源的供需平衡体系，实行水资源统一配置。明确了应当优先使用再生水的六种情形，并且明确再生水的价格应当以补偿成本和合理收益为原则，综合考虑本地区水资源条件、产业结构和经济状况，根据再生水的投资运行成本、供水规模、供水水质、用途等因素合理确定。规定沈阳市人民政府每年应当对区、县（市）人民政府再生水利用情况进行考核。

三、海水利用法律法规

我国政府高度重视海水利用，在循环经济、海洋资源和海洋环境等相关法律、法规中规范了海水利用的内容。

（一）国家层面

1. 国家法律

《循环经济促进法》（2009年1月1日实施，2018年修订）第二十条规定："国家鼓励和支持沿海地区进行海水淡化和海水直接利用，节约淡水资源。"

《中华人民共和国海岛保护法》（2010年3月1日实施）第二十四条规定："有居民海岛的开发、建设应当优先采用风能、海洋能、太阳能等可再生能源和雨水集蓄、海水淡化、污水再生利用等技术。"

2. 部门规范性文件

2020年，国家发展改革委、科技部、工业和信息化部、生态环境部、银保监会、全国工商联出台了《关于营造更好发展环境支持民营节能环保企业健康发展的实施意见》，提出鼓励引导民营企业参与海水（苦咸水）淡化及综合利用等节能环保重大工程建设。

2019年，国家发展改革委、科技部印发《关于构建市场导向的绿色技术创新体系的指导意见》，提出要实施海水淡化与综合利用等技术研发重大项目和示范工程，探索绿色技术创新与政策管理创新协同发力，实现绿色科技进步和技术创新驱动绿色发展。工业和信息化部、水利部、科技部、财政部印发《京津冀工业节水行动计划》，提出鼓励利用海水、雨水和矿井水。支持京津冀沿海地区钢铁、石化化工、火电等行业直接利用海水作为循环冷却水，发展点对点海水淡化供水模式、海水淡化与自来水公司一体化运营模式，并重点建设一批海水淡化及综合利用项目。

国家发展改革委、国家海洋局印发的《海岛海水淡化工程实施方案》（2017年12月5日实施）提出，要以海水淡化民生需求及产业发展为导向，将海水淡化与海岛生态礁建设相结合，强化海水淡化对常规水资源的补充和替代,因岛制宜、加强规划、合理布局、创建样板,加快打造一批海岛海水淡化工程。在辽宁、山东、浙江、福建、海南等沿海省,力争通过 3~5 年重点推进 100 个左右海岛的海水淡化工程建设及升级改造,初步规划总规模达到 60 万 t/d 左右,有效缓解海岛居民用水问题,改善人居环境。

(二)地方层面

天津市发展改革委、天津市规划和自然资源局出台《天津临港海洋经济发展示范区建设总体方案》,提出以"提升海水淡化与综合利用水平,推动海水淡化产业规模化应用示范"为主要任务,带动示范区内海洋高端装备制造、海洋生物医药、海洋服务业等海洋新兴产业加速聚集。

四、雨水集蓄利用法律法规

我国《水法》《循环经济法》等法律法规中规范了雨水利用有关内容。《水法》第二十四条规定:"鼓励在水资源紧缺的地区进行雨水的收集开发和利用。"《循环经济法》第二十四条规定:"在缺水地区,优先发展节水型农业,推进雨水集蓄利用,建设和管护节水灌溉设施。"《长江保护法》第六十八条规定:"国家鼓励和支持在长江流域实施重点行业和重点用水单位节水技术改造,提高水资源利用效率。长江流域县级以上地方人民政府应当加强节水型城市和节水型园区建设,促进节水型行业产业和企业发展,并加快建设雨水自然积存、自然渗透、自然净化的海绵城市。"《太湖流域管理条例》第二十三条规定:"太湖流域县级以上地方人民政府应当加强用水定额管理,采取有效措施,降低用水消耗,提高用水效率,并鼓励回用再生水和综合利用雨水、海水、微咸水。"第三十四条规定:"太湖流域县级以上地方人民政府应当合理规划建设公共污水管网和污水集中处理设施,实现雨水、污水分流。"

五、矿井水利用法律法规

矿井水利用是一个跨部门、跨行业的系统工程。《黄河保护法》(草案二次审议稿)第五十七条规定:"黄河流域县级以上地方人民政府应当推进污水资源化利用，国家对相关设施建设予以支持。黄河流域县级以上地方人民政府应当将再生水、雨水、苦咸水、矿井水等非常规水纳入水资源统一配置，提高非常规水利用比例。景观绿化、工业生产、建筑施工等，应当优先使用再生水。"2021 年安徽省颁布实施了《煤矿防治水和水资源化利用管理办法》，专门对矿井水资源化利用与管理进行规范。

六、微咸水利用法律法规

截至目前，我国尚未出台专门关于微咸水利用的法律、行政法规、部门规章。《水法》第二十四条规定："在水资源短缺的地区，国家鼓励对雨水和微咸水的收集、开发、利用和对海水的利用、淡化。"《黄河保护法》（草案二次审议稿）第五十七条对苦咸水的开发利用也作出了相应规范。

第二节　非常规水源开发利用规划建设情况

一、概述

目前，国家层面尚未出台再生水利用的专业规划，但在发展规划中有涉及再生水利用的内容。地方层面据不完全统计，全国共有 27个省（自治区、直辖市）、55 个市（县）编制了与再生水利用相关的规划。近年来，中央和地方关于海水利用、雨水利用和矿井水利用等专业规划陆续出台。在水利、自然资源、农业等多个部门编制的专项规划中，均不同程度涵盖了微咸水利用。

二、再生水利用规划

国家层面没有再生水利用专业规划。地方层面，山东、河北、重庆、内蒙古 4 省（自治区、直辖市）明确提出再生水利用的短期（2010 年）、中期（2015 年）和长期（2020 年）发展目标。河北省2012 年编制了《河北省城镇污水处理及再生利用设施建设"十二五"

规划》，2017 年编制了《河北省"十三五"城镇污水处理及再生利用设施建设规划》。北京、深圳、西安、天津、无锡等地编制了《北京市"十一五"再生水利用规划》《深圳市再生水布局规划》《西安市城市污水再生利用规划（2008—2020 年）》《天津市"十二五"再生水利用规划》《无锡市再生水利用规划》。

三、海水利用规划

1. 国家层面

2005 年，国家发展改革委、国家海洋局、财政部联合发布了《海水利用专项规划》，提出到 2020 年，我国海水淡化能力达到 250 万～300 万 m^3/d，海水直接利用能力达到 1000 亿 m^3/a，大幅度扩大和提高海水化学资源的综合利用规模和水平，海水利用对解决沿海地区缺水问题的贡献率达到 26%～37%。2012 年，科技部和国家发展改革委发布《海水淡化科技发展"十二五"专项规划》，明确提出要发展海水淡化标准战略，提高产业发展的整体性和科学性。2016 年，国家发展改革委、国家海洋局联合印发的《全国海水利用"十三五"规划》，提出"十三五"末，全国海水淡化总规模达到 220 万 t/d 以上。沿海城市新增海水淡化规模 105 万 t/d 以上，海岛地区新增海水淡化规模 14 万 t/d 以上。海水直接利用规模达到 1400 亿 t/年以上，海水循环冷却规模达到 200 万 t/h 以上。新增苦咸水淡化规模达到 100 万 t/d 以上。海水淡化装备自主创新率达到 80% 及以上，自主技术国内市场占有率达到 70% 以上，国际市场占有率提升 10%。并对海水利用进行了整体布局，推进沿海缺水城市、海岛、产业园区海水利用规模化应用，推动海水利用技术应用于西部苦咸水地区，促进海水利用走进"一带一路"沿线国家，最终形成城市保障、海岛示范、园区率先、行业深化、苦咸水拓展、"一带一路"延伸的新格局。

2. 地方层面

浙江省实施了《浙江省海水淡化产业发展"十二五"规划》。河北省 2005 年制定了《河北省海水利用专项规划》。天津市提出《天津市海水资源综合利用循环经济发展专项规划》《天津海洋经济科学发展示范区规划》，将海水利用业列入 6 条核心产业链之一。大连市政府出台《大连市海水利用规划（2008—2020 年）》。天津、山东、广西、海南等沿海省（自治区、直辖市）也将海水利用纳入当地"十三五"海洋经济、水安全保障、城市发展、能源发展等规划，包括《天津市建设海洋强市行动计划（2016—2020 年）》《青岛市"十三五"城市管理发展规划》《山东省水安全保障总体规划》《惠州市能源发展"十三五"规划》《广西海洋经济可持续发展"十三五"规划》《海南省水务发展"十三五"规划》等。

四、雨水利用规划

1. 国家层面

2000 年，水利部编制了《全国雨水集蓄利用"十五"计划及 2010 年发展规划》。2009 年，水利部发布了《全国雨水集蓄利用规划》。从规划的内容来看，主要集中在农业灌溉的雨水集蓄利用方面。

2. 地方层面

山东省实施了《山东省雨洪资源利用规划》。南京市编制《雨水综合利用规划》。西安市 2008 年发布《西安市雨水利用规划》，根据西安市社会经济发展对水资源供需的要求，提出雨水利用规划目标和评价指标体系，重点对城区雨水的可利用量进行计算和预测，并明确了全市 2010 年、2020 年和 2030 年雨水利用的具体指标，提出不同下垫面条件下的雨水利用方案。深圳市在《深圳市城市总体规划（2007—2020）》中，将全市划分为 4 个雨水利用分区，不同的分区采取不同的雨水利用技术，并针对土地利用类型，实施分类分级指引。大连市制定《大连市雨水资源利用工程规划》，在居民小区、广场、停车场等地方铺设透水性路面，通过建设绿化屋顶和下凹式公共绿地的方式来综合利用雨洪资源。

五、矿井水利用规划

2006 年国家发展改革委发布《矿井水利用专项规划》，提出到 2010 年全国煤矿矿井水利用率要达到 70%；2013 年，国家发展改革委、国家能源局联合印发《矿井水利用发展规划》，提出到 2015 年，全国煤矿矿井水利用率提高到 75%；2015 年，《煤炭工业"十三五"发展规划》又将矿井水利用率提至 2020 年的 80%；《"十四五"节水型社会建设规划》中要求华北、西北和东北部分地区，加快微咸水、矿井水等综合利用工程建设。地方层面也有相应的规划出台，如陕西省榆林市 2016 制定了《榆林市矿井水综合利用规划》。

六、微咸水利用规划

国家发展和改革委员会、水利部在五年规划中均对微咸水利用提出了要求。2021 年颁布实施的《"十四五"水安全保障规划》中明确，加大非常规水源利用加强缺水地区再生水、海水、雨水、矿井水和苦咸水等非常规水多元、梯级和安全利用。统筹利用再生水、雨水、微咸水等，用于农业灌溉和生态景观。2021 年，宁夏回族自治区颁布实施了《非常规水源利用规划（2021—2025 年）》，提出到 2025 年，全区苦咸水利用量 0.43 亿 m^3，其中地表苦咸水利用量 0.31 亿 m^3、地下苦咸水利用量 0.12 亿 m^3。利用方向主要与黄河水混合进行农业灌溉，少量用于工业。并在规划中提出实施 5 项苦咸水利用工程建设任务。

第三节　非常规水源开发利用技术标准制定
和出台情况

一、概述

目前，我国出台了较为完备的非常规水源开发利用各项技术标准。其中，再生水利用相关技术标准主要有 34 部，国家标准 13 部、行业标准 9 部、地方层面的技术标准 12 部。我国海水淡化领域共有 63 项现行有效标准，包括 9 项国家标准和 54 项行业标准。雨水利用技术标准在全国层面和地方层面各 2 项。据不完全统计，现行矿井水排放水质标准共涉及 5 项，其中强制性标准 3 项，推荐性标准 1 项，行业标准 1 项。微咸水利用技术标准国家层面依据主要有 2 项。

二、再生水利用技术标准建设

（一）国家标准

2002 年以来，国家质量监督检验检疫总局和国家标准化管理委员会发布了"城市污水再生利用系列标准"，共 6 项。

（1）《城市污水再生利用 分类》（GB/T 18919—2002），规定了污水再生利用类别及其应用范围，包括农、林、牧、渔业用水、城市杂用水、工业用水、景观环境用水、补充水源水。

（2）《城市污水再生利用 城市杂用水水质》（GB/T 18920—2020），规定了城市污水再生利用在城市杂用领域的适用范围，主要适用于冲厕、车辆冲洗、城市绿化、道路清扫、消防用水、建筑施工。

（3）《城市污水再生利用 景观环境用水水质》（GB/T 18921—2020），规定了城市污水再生利用在景观环境领域的适用范围。主要适用于娱乐性景观环境用水、观赏性景观环境用水、湿地环境用水，满足缺水地区对娱乐性水环境的需要。

（4）《城市污水再生利用 地下水回灌水质》（GB/T 19772—2005），规定了城市污水再生利用在地下水回灌领域的适用范围，主要适用于补充地下水与补充地表水等补充水源用水。

（5）《城市污水再生利用 工业用水水质》（GB/T 19923—2005），规定了城市污水再生利用在工业用水领域的适用范围，主要适用于工业用水，诸如冷却用水、洗涤用水、锅炉用水、工艺用水、产品用水等。

（6）《城市污水再生利用 农田灌溉用水水质》（GB 20922—2007），规定了城市污水再生利用在农田灌溉领域的适用范围，主要适用于农田灌溉、造林育苗等。

（二）行业标准

目前国家有关部门颁布的再生水相关水质标准 2 部，包括国家发展和改革委员会颁布的《循环冷却再生水水质标准》（HG/T 3923—2007）和水利部颁布的《再生水水质标准》（SL 368—2006）。其中《再生水水质标准》适用于地下水回灌，工业、农、林、牧业、城市非饮用水，景观环境用水中使用的再生水。

（三）地方标准

北京、天津、深圳三城市颁布了再生水利用相关的技术规范，分别是北京市质量技术监督局发布的《再生水灌溉绿地技术规范》、天津市建设委员会发布的《天津市再生水设计规范》、深圳市市场监督管理局发布的《再生水、雨水利用水质规范》，详见表4-2。

表4-2　　　　　　　　　再生水利用相关技术标准

序号	标准名称	编号	说明	发布单位
1	《再生水水质　铬的测定伏安极谱法》	GB/T 37905—2019	国家标准	国家市场监督管理总局、国家标准化管理委员会
2	《再生水水质　汞的测定测汞仪法》	GB/T 37906—2019		
3	《再生水水质　硫化物和氰化物的测定离子　色谱法》	GB/T 37907—2019		
4	《城镇污水再生利用工程设计规范》	GB 50335—2016	国家标准	住房城乡建设部、国家质量监督检验检疫总局
5	《再生水中化学需氧量的测定　重铬酸钾法》	GB/T 22597—2014		国家质量监督检验检疫总局、国家标准化管理委员会
6	《城市污水再生回灌农田安全技术规范》	GB/T 22103—2008		
7	《城市污水再生利用　农田灌溉用水水质》	GB/T 20922—2007		
8	《城市污水再生利用　工业用水水质》	GB/T 19923—2005		
9	《城市污水再生利用　地下水回灌水质》	GB/T 19772—2005		
10	《城市污水再生利用　城市杂用水水质》	GB/T 18920—2020		
11	《城市污水再生利用　分类》	GB/T 18919—2002		
12	《城市污水再生利用　景观环境用水水质》	GB/T 18921—2019		国家市场监督管理总局、中国国家标准化管理委员会
13	《建筑中水设计规范》	GB 50336—2018		

序号	标准名称	编号	说明	发布单位
14	《城镇再生水厂运行、维护及安全技术规程》	CJJ 252—2016	行业标准	住房城乡建设部
15	《再生水用于景观水体的水质标准》	CJ/T 95—2000		住房城乡建设部
16	《火力发电厂再生水深度处理设计规范》	DL/T 5483—2013		国家能源局
17	《循环冷却水再生水水质标准》	HG/T 3923—2007		国家发展改革委
18	《再生水中钙、镁含量的测定原子吸收光谱法》	HG/T 4325—2012		工业和信息化部
19	《再生水中镍、铜、锌、镉、铅含量的测定原子吸收光谱法》	HG/T 4326—2012		工业和信息化部
20	《再生水中总铁含量的测定分光光度法》	HG/T 4327—2012		工业和信息化部
21	《城镇再生水利用规范编制指南》	SL 760—2018		水利部
22	《再生水水质标准》	SL 368—2006		
23	《安全生产等级评定技术规范 第65部分：城镇污水处理厂（再生水厂）》	DB11/T 1322.65—2019	地方标准	北京市市场监督管理局
24	《生态再生水厂评价指标体系》	DB11/T 1658—2019		北京市市场监督管理局
25	《再生水灌溉工程技术规范》	DB13/T 2691—2018		河北省质量技术监督局
26	《再生水灌溉工程技术规范》	DB15/T 1092—2017		内蒙古自治区质量技术监督局
27	《再生水热泵系统工程技术规范》	DB11/T 1254—2015		北京市质量技术监督局
28	《再生水灌溉绿地技术规范》	DB62/T 2573—2015		甘肃省质量技术监督局
29	《城市再生水供水服务管理规范》	DB12/T 470—2012		天津市质量技术监督局

续表

序号	标准名称	编　号	说明	发布单位
30	《再生水农业灌溉技术导则》	DB11/T 740—2010	地方标准	北京市质量技术监督局
31	《再生水、雨水利用水质规范》	SZJG 32—2010		深圳市市场监督管理局
32	《再生水灌溉绿地技术规范》	DB11/T 672—2009		北京市质量技术监督局
33	《天津市再生水设计规范》	DB/T 29－167—2019		天津市建设委员会
34	《太原市绿色经济园区再生水利用技术要求》	DB14/T 505—2008		山西省质量技术监督局

三、海水利用技术标准建设

随着我国海水淡化产业的发展，海水淡化行业标准化工作也得到了国家有关部门的重视。目前，我国海水淡化领域主要有基础通用标准 5 项、蒸馏法海水淡化标准 4 项、膜法海水淡化标准 38 项、海水冷却用标准 15 项和海水淡化管理标准 1 项，见表 4-3。

表 4-3　　　　　　　海水淡化利用相关标准现状

序号	类　别	标　准　名　称	标准号/标准项目编号
1	基础通用标准	《膜分离技术术语》	GB/T 20103—2006
2		《海水利用术语　第 1 部分：海水冷却技术》	HY/T 203.1—2016
3		《海水利用术语　第 2 部分：海水淡化技术》	HY/T 203.2—2016
4		《海水利用术语　第 3 部分：大生活用水技术》	HY/T 203.3—2016
5		《海水利用术语　第 4 部分：海水化学资源提取利用技术》	HY/T 203.4—2016
1	蒸馏法海水淡化标准	《多效蒸馏海水淡化装置通用技术要求》	GB/T 33542—2017
2		《多效蒸馏海水淡化装置通用技术要求》	HY/T 106—2008
3		《蒸馏法海水淡化工程设计规范》	HY/T 115—2008
4		《蒸馏法海水淡化蒸汽喷射装置通用技术要求》	HY/T 116—2008

序号	类别	标准名称	标准号/标准项目编号
1	膜法海水淡化标准	《膜法水处理反渗透海水淡化工程设计规范》	HY/T 074—2003
2		《反渗透用能量回收装置》	HY/T 108—2008
3		《反渗透用高压泵技术要求》	HY/T 109—2008
4		《移动式反渗透淡化装置》	HY/T 211—2016
5		《电渗析技术 异相离子交换膜》	HY/T 034.2—1994
6		《电渗析技术 电渗析器》	HY/T 034.3—1994
7		《微孔滤膜》	HY/T 053—2001
8		《中空纤维反渗透技术 中空纤维反渗透组件》	HY/T 054.1—2001
9		《折叠筒式微孔滤膜过滤芯》	HY/T 055—2001
10		《中空纤维超滤装置》	HY/T 060—2002
11		《中空纤维微滤膜组件》	HY/T 061—2017
12		《中空纤维超滤膜组件》	HY/T 062—2002
13		《管式陶瓷微孔滤膜元件》	HY/T 063—2002
14		《聚偏氟乙烯微孔滤膜》	HY/T 065—2002
15		《聚偏氟乙烯微孔滤膜折叠式过滤器》	HY/T 066—2002
16		《水处理用玻璃钢罐》	HY/T 067—2002
17		《卷式超滤技术平板超滤膜》	HY/T 072—2003
18		《卷式超滤技术卷式超滤元件》	HY/T 073—2003
19		《中空纤维微孔滤膜装置》	HY/T 103—2008
20		《陶瓷微孔滤膜组件》	HY/T 104—2008
21		《中空纤维膜 N_2-H_2 分离器》	HY/T 105—2008
22		《聚丙烯中空纤维微孔膜》	HY/T 110—2008
23		《超滤膜及其组件》	HY/T 112—2008
24		《纳滤膜及其元件》	HY/T 113—2008
25		《纳滤装置》	HY/T 114—2008
26		《电去离子膜堆（组件）》	HY/T 120—2008

序号	类　别	标　准　名　称	标准号/标准项目编号
27	膜法海水淡化标准	《连续膜过滤水处理装置》	HY/T 165—2013
28		《离子交换膜　第1部分：电驱动膜》	HY/T 166.1—2013
29		《电渗析技术　脱盐方法》	HY/T 034.4—1994
30		《电渗析技术　用于锅炉给水的处理要求》	HY/T 034.5—1994
31		《中空纤维反渗透膜测试方法》	HY/T 049—1999
32		《中空纤维超滤膜测试方法》	HY/T 050—1999
33		《中空纤维微孔滤膜测试方法》	HY/T 051—1999
34		《中空纤维反渗透技术　中空纤维反渗透组件测试方法》	HY/T 054.2—2001
35		《管式陶瓷微孔滤膜测试方法》	HY/T 064—2002
36		《卷式反渗透膜组件测试方法》	HY/T 107—2008
37		《中空纤维超/微滤膜断裂拉伸强度测定方法》	HY/T 213—2016
38		《反渗透膜亲水性测试方法》	HY/T 212—2016
1	海水冷却用标准	《海水循环冷却水处理设计规范》	GB/T 23248—2009
2		《海水冷却水质要求及分析检测方法　第1部分：钙、镁离子的测定》	GB/T 33584.1—2017
3		《海水冷却水质要求及分析检测方法　第2部分：锌的测定》	GB/T 33584.2—2017
4		《海水冷却水质要求及分析检测方法　第3部分：氯化物的测定》	GB/T 33584.3—2017
5		《海水冷却水质要求及分析检测方法　第4部分：硫酸盐的测定》	GB/T 33584.4—2017
6		《海水冷却水质要求及分析检测方法　第5部分：溶解固形物的测定》	GB/T 33584.5—2017
7		《海水冷却水质要求及分析检测方法　第6部分：异养菌的测定》	GB/T 33584.6—2017
8		《海水水处理剂分散性能的测定　分散氧化铁法》	HY/T 163—2013
9		《海水冷却水中铁的测定》	HY/T 191—2015

序号	类 别	标 准 名 称	标准号/标准项目编号
10	海水冷却用标准	《海水环境中金属材料动电位极化电阻测试方法》	HY/T 192—2015
11		《海水淡化膜用阻垢剂阻垢性能的测定 人工浓海水碳酸钙沉积法》	HY/T 198—2015
12		《海水循环冷却系统设计规范 第1部分：取水技术要求》	HY/T 187.1—2015
13		《海水循环冷却系统设计规范 第2部分：排水技术要求》	HY/T 187.2—2015
14		《海水冷却水处理碳钢缓蚀阻垢剂技术要求》	HY/T 189—2015
15		《铜及铜合金海水缓蚀剂技术要求》	HY/T 190—2015
1	海水淡化管理标准	《海水淡化水源地保护区划分技术规范》	HY/T 220—2017

四、雨水利用技术标准建设

雨水利用目前主要参考水利部、生态环境部（原环境保护部）、住房城乡建设部、自然资源部等部门发布的《地表水环境质量标准》（GB 3838—2002）和《建筑与小区雨水利用工程技术规范》（GB 50400—2016）。地方标准有深圳市在2012年制定的《再生水、雨水利用水质规范》和2015年制定的《低影响开发雨水综合利用技术规范》。

五、矿井水利用技术标准建设

现行矿井水排放水质标准主要由水利部、生态环境部（原环境保护部）、住房城乡建设部、自然资源部等部门发布，共涉及5项，其中强制性标准3项，推荐性标准1项，行业标准1项。各类标准涉及的指标数量不同（表4-4）：《地表水环境质量标准》（GB 3838—2002）涉及指标24项；《煤炭工业污染物排放标准》（GB 20426—2006）涉及指标16项；《污水综合排放标准》（GB 8978—1996）明确建设单位最高允许排放浓度 52 项;《煤炭行业绿色矿山建设规范》（DZ/T 0315—2018）涉及指标 16 项;《地下水质量标准》（GB/T 14848—2017）指出Ⅳ类水质不宜作为生活饮用水水源，其他用水可根据使用目的选用，矿井水排放共涉及常规指标数量 37 项，非常规指标 54 项。煤矿行业以《污水综合排放标准》（GB 8978—1996）和《煤炭工业污染物排放标准》（GB 20426—2006）判定矿井排水是否达标排放。

表 4-4 矿井水利用相关标准现状

标准名称	标准发布/提出部门	指标数量	标准层级
《地表水环境质量标准》（GB 3838—2002）	国家环境保护总局、国家质量监督检验检疫总局	24	强制性
《地下水质量标准》（GB/T 14848—2017）	自然资源部和水利部共同提出，国家质量监督检验疫总局、国家标准化管理委员会发布	常规指标（37）/非常规指标（54）	推荐性
《污水综合排放标准》（GB 8978—1996）	国家环境保护局、国家技术监督局	52	强制性
《煤炭工业污染物排放标准》（GB 20426—2006）	国家环境保护总局	16	强制性
《煤炭行业绿色矿山建设规范》（DZ/T 0315—2018）	自然资源部	16	行业性

六、微咸水利用技术标准建设

微咸水利用主要参照《地表水环境质量标准》（GB 3838—2002）和《地下水质量标准》（GB/T 14848—2017）。有地方制定专门的微咸水灌溉标准规范，如河北省制定了《微咸水灌溉冬小麦种植技术规程》（DB13/T 1280—2010）和《咸淡水混合灌溉工程技术规程》（DB13/T 928—2008）。内蒙古自治区制定《河套灌区盐碱地向日葵微咸水滴灌水肥一体化技术规程》（DB15/T 2253—2021）、《枸杞微咸水滴灌技术规程》（DB64/T 889—2013）等，规定了在微咸水灌溉条件下，不同农作物种植生产过程的品种选择、整地、施肥、播种、灌溉等配套措施的相关技术要求。

第四节　非常规水源开发利用相关
支持政策出台情况

一、概述

据不完全统计，中央与地方政府均有政策相关条文涉及这方面内容。国家及地方的一些规范性文件中体现了非常规水源有偿使用、计量收费、定价、成本补偿与激励等方面政策。

二、再生水利用支持政策

我国再生水利用经过 20 多年发展，已初步形成了包括价格政策、财税政策、优惠扶持政策等在内的较完整的再生水利用支持政策体系。

（一）价格政策

在国家层面，原建设部《关于落实〈国务院关于印发节能减排综合性工作方案的通知〉的实施方案》要求配合国家发展改革委等部门制定再生水开发利用支持性价格政策。

在地方层面，四川省与浙江省宁波和云南省昆明市明确了再生水实行计量收费制度；北京市明确了再生水价格由市价格行政主管部门会同有关部门制定并公布。2020 年，自贡市发展和改革委员会颁布实施了《关于再生水价格管理的指导意见》，明确了再生水价格管理的总体要求、基本原则、价格机制、保障措施等内容，对进一步促进节约用水，合理利用和保护水资源，提高污水再生利用率，建立再生水利用的激励机制，推进再生水利用产业的市场化，改善水环境质量，实现水生态良性循环具有重要意义。我国部分城市再生水定价情况见表 4－5。

表 4－5　　　　　　　我国部分城市再生水定价情况

省 （自治区、 直辖市）	市	县 （市、区）	再生水定价/（元/m³）				
			地下水 回灌	工业	农林 牧业	城市 非饮用	景观 环境
北京	北京		≤3.5				
天津	天津	市区	电厂用户2.5， 其他用户4.0			2.2	
		滨海新区	4.5			4.5	
河北	石家庄		≤5.23				
内蒙古	呼和浩特	市区	1.75				
	鄂尔多斯	东胜区	1				
	包头		1.5，绿化1.1				
	赤峰		2	2	2	2	2
江苏	盐城	建湖县	0.55	0.55	0.55	0.55	0.55
	宿迁		0.96				
吉林	长春		0.8				
	吉林		0.8			0.8	
山东	济南		低于4.2				
	青岛		1.7	1.7	1.7	1.7	1.7
	烟台		3.8（供需双方可在上浮不超过20%、下浮不限的范围内协商确定具体销售价格；特殊行业用水价格由双方协商确定）				
辽宁	大连		2.3（2002年价格，暂定一年），2020—2025规划中按照不同行业特点建立多层次再生水供水价格体系				
浙江	宁波	奉化区	1.4				
	嘉兴	秀洲区	1				
福建	厦门		放开再生水价格，由企业自主定价				
安徽	合肥	市区	不高于2.85				
	阜阳		0.9				
河南	洛阳	市区	0.48				

省 （自治区、 直辖市）	市	县 （市、区）	再生水定价/（元/m³）				
			地下水 回灌	工业	农林 牧业	城市 非饮用	景观 环境
陕西	宝鸡					0.8	
宁夏	银川	永宁县		0.8		0.8	
甘肃	武威	凉州区	1				
		天祝藏族自治县	1				
新疆	乌鲁木齐			一级 A 标准 1.50，一级 B 标准 1.00，二 级以下标准 0.50			

（二）财税政策

1. 国家层面

2022，年财政部、国家税务总局在《关于印发〈资源综合利用产品和劳务增值税优惠目录〉的通知》中统一实行增值税即征即退方式。设置了五档退税比例，分别为 100%、90%、70%、50% 和 30%。其中生产再生水，可按 70% 退税。2008 年，财政部、国家税务总局发布了《关于资源综合利用及其他产品增值税政策的通知》，对销售符合水利部《再生水水质标准》（SL 368—2006）规定的再生水实行免征增值税政策，首次针对再生水提出明确的财政扶持政策。自 2008 年 1 月 1 日起施行的《中华人民共和国企业所得税法实施条例》（中华人民共和国国务院令第 512 号）第八十八规定，企业从事符合条件的环境保护、节能节水项目，包括公共污水处理、公共垃圾处理、沼气综合开发利用、节能减排技术改造、海水淡化等项目所得，自项目取得第一笔生产经营收入所属纳税年度起，第一年至第三年免征企业所得税，第四年至第六年减半征收企业所得税。

2. 地方层面

2022 年，宁夏回族自治区水利厅与自治区发展改革委、财政厅、住房城乡建设厅、工业和信息化厅、自然资源厅、生态环境厅于近日联合印发《宁夏回族自治区非常规水源开发利用管理办法（试行）》提出，对取用再生水、矿井疏干水的，按照《宁夏回族自治区水资源税改革试点实施办法》免征和减征水资源税。2008年，湖北省要求通过财政支持、税收优惠、差别价格和信贷等政策，鼓励开发和利用再生水，对再生水利用示范项目给予必要的补助。2008年，南京市要求落实相关税收政策，鼓励使用再生水等污水资源。2005年，四川省提出，对再生水用户与生产企业实行价格优惠政策与扶持性财税政策。2006年，新疆维吾尔自治区要求对再生水价格给予财税政策支持，科学定价。

（三）优惠扶持政策

1. 再生水生产用电优惠电价

2004年，国务院颁布《关于推进水价改革促进节约用水保护水资源的通知》明确提出，对再生水生产用电实行优惠电价，不执行峰谷电价政策，免征水资源费和其他附加费用。为鼓励再生水利用，河北省、江苏省、重庆市、天津市等地明确了对再生水生产用电实行优惠电价的政策。

（1）河北省。《河北省城市污水处理费收费管理办法》规定："对再生水生产和污水处理用电实行优惠，可不执行峰谷分时电价。"

（2）江苏省。《江苏省政府办公厅关于转发省物价局江苏省"十一五"水价改革意见的通知》规定："对再生水利用实行用电优惠。"

（3）重庆市。重庆市人民政府发布的《关于推进水价改革促进节约用水保护水资源的实施意见》规定："对再生水生产企业实行优惠电价，不执行峰谷电价政策，免征水资源费和城市公用事业附加费。"

（4）天津市。天津市电力公司确定，再生水厂生产用电价格按目前天津市自来水厂生产用电电价政策执行。

2. 使用再生水免缴相关费用

天津开发区管委会规定凡是污水排放达到国家二级标准和进行再生水利用的单位，均可免缴污水处理费。

江苏省为积极推广再生水使用，对直接使用再生水的用户，免征水资源费和城市公用事业附加费；对市政绿化及景观使用再生水的，免征污水处理费。

重庆市《关于推进水价改革促进节约用水保护水资源的实施意见》中也规定了再生水生产利用免征水资源费和公用事业附加费政策。

深圳市《关于加强雨水和再生水资源开发利用工作意见》提出,用户使用城市雨水和再生水系统的,将免收污水处理费、水资源费。

3. 对再生水用户提供优惠水价

乌鲁木齐市为了鼓励热电厂多用再生水,规定对市热电厂热电联产项目使用中水执行优惠价格,项目建成投产并取得经营权之后的 5 年内取用中水价格为 0.3 元/m³。每天取用中水超过 5 万~10 万 t 部分的中水价格为 0.25 元/m³,取用中水超过 10 万 t 部分的中水价格为 0.2 元/m³。

深圳市对使用再生水的用户,3 年内的再生水水费予以减半收取。

4. 设施建设及运行给予财政资金补助

昆明市出台了《昆明市城市再生水利用专项资金补助实施办法》,明确在市级财政建立再生水利用专项资金。对原已建成项目在 2009 年内补建再生水利用设施的单位,给予建设单位再生水利用设施建设 30%以内的资金补助,对居民住宅小区补建或采取拼户、拼区、拼院方式建设的,给予再生水利用设施投资主体建设投资 40%以内的资金补助。此外,昆明市还从 2009 年 4 月 1 日起,对各单位和住宅小区建成并正常使用的再生水利用设施,在按月抽检水质并达标前提下,按实际处理使用的再生水水量给予再生水利用设施管理单位 0.7 元/m³ 的再生水利用资金补助。

三、海水利用支持政策

国家和沿海地方高度重视海水利用工作,积极出台海岛海水电价优惠政策,鼓励促进海水利用产业发展。

1. 国家层面

2014 年,国家有关部委积极推进海洋经济创新发展,先后发布有关促进区域海洋经济发展的重要文件,并将海水淡化作为重点产业列入其中。主要包括财政部《关于在天津、江苏实施海洋经济创新发展区域示范的通知》、国家发展改革委《关于在广州等 8 个城市开展国家海洋高技术产业基地试点的通知》和《关于支持青岛（西海岸）黄岛新区海洋经济发展的若干意见》等。《中华人民共和国企业所得税法》（2008 年 1 月 1 日实施）鼓励发展海水淡化产业，规定从事海水淡化项目的企业，其企业所得税减半征收。

2. 地方层面

沿海省（直辖市）将海水淡化作为重点领域，积极落实推动海洋经济创新发展工作。

天津市、山东省、江苏省等沿海省（直辖市）通过出台供水补贴、制定产业发展意见以及用电优惠等政策，鼓励促进当地海水利用产业发展。其中，天津港保税区管委会出台《天津港保税区支持海洋产业发展的若干政策》，提出对于海水淡化保障供水需求的项目，将按年实际供水量每吨 1 元给予补贴，单个项目的年补贴额最高不超过 100 万元。

山东省人民政府办公厅出台《关于加快发展海水淡化与综合利用产业的意见》，提出到 2022 年山东全省海水淡化产能规模将超过 100 万 t/d，并形成一区、两园、多点、群星的总体布局。

山东物价局对青岛市百发、董家口经济区、潍坊清水源（一期）海水淡化项目用电价格进行批复，明确海水淡化项目自 2018 年 1 月 1 日起三年内用电价格暂按居民生活用电类的非居民用户 0.555 元/kW·h（含税）标准实行，期满后根据国家电价改革进程和海水淡化项目运营状况另行确定。

青岛出台《黄岛新区建设发展三年行动方案（2014—2016年）》，提出"规划建设 0.5km^2 的海水淡化基地，加快推进华欧海水淡化项目；规划建设 1.5km^2 的海水淡化装备集成基地，重点推进董家口膜生产研发基地和海水淡化项目"。

2014 年，天津市出台《天津市加快发展节能环保产业的实施意见》，将"海水淡化产业基地建设"列为重点任务之一，并提出"加快滨海新区海水淡化示范区建设。以北疆电厂为示范，推广电水联产海水淡化模式，建设若干海水淡化示范企业。加快推动海水淡化配套企业的发展，形成产业链条。示范推广膜法、热法和耦合法海水淡化技术，完善膜组件、高压泵、能量回收装置等关键部件及系统集成技术"。天津市《关于华泰龙淡化海水供水价格的复函》规定，供自来水企业的淡化海水价格与地表水原水价格 2.51 元/m^3 一致，并免征水资源费。

江苏省人民政府出台《江苏省人民政府关于推进绿色产业发展的意见》，提出对实行两部制电价的污水处理企业用电、电动汽车集中式充换电设施用电、港口岸电运营商用电、海水淡化用电免收需量（容量）电费。

2014 年，杭州市出台《杭州市海洋特色产业基地建设实施方案》，提出"建设杭州海水淡化技术与装备制造基地"，"到 2017 年，达到反渗透、纳滤膜 160 万 m^3/年和中空超滤膜 100 万 m^3/年的生产能力，实现年施工规模达 70 万 t/d 的水处理装备生产能力，年销售收入达到 15 亿元。海水淡化产业体系逐步完善，东南海海水淡化产业联盟实现 100 亿元以上产值，形成较为完善的海水淡化产业链"。

四、雨水利用支持政策

财政部于 2004 年就已经出台了《中央财政雨水集蓄利用专项资金管理暂行办法》，对雨水利用给予政策支持。《中央财政雨水集蓄利用专项资金管理暂行办法》出台后，农村地区的小型灌区和山丘区雨水集蓄利用工程成为重点补贴的项目。全社会对农村雨水集蓄利用工程越来越关注，我国农村雨水集蓄利用工程有很大程度的发展。2014 年，财政部在《关于开展中央财政支持海绵城市建设试点工作的通知》中明确，各地制定的城市雨水利用设施与主体工程同时设计、同时施工、同时验收的"三同时"相关制度。文件下发后，全国按城市规模分档选择试点，直辖市每年 6 亿元、省会城市每年 5 亿元、其他城市每年 4 亿元，对试点海绵城市建设进行补贴。2015 年，迁安、白城、镇江、嘉兴等地先后被列入试点范围开展海绵城市建设工作。

总体而言，我国雨水利用支持政策以地方自主探索为主，积极推动建立城市雨水资源开发利用引导和扶持机制。以北京市为例，20 世纪 90 年代初开始发展雨水利用，出台多项政策促进利用。

2003 年 3 月，北京市规划委员会和北京市水利局联合发布《关于加强建设工程用地内雨水资源利用的暂行规定》，首次提出"雨水利用项目三同时"政策。

2004 年 5 月，北京市人大常委会通过的《北京市实施〈中华人民共和国水法〉办法》规定："鼓励、支持单位和个人因地制宜地采取雨水收集、入渗、储存等措施开发、利用水资源。"

2012 年《北京市节约用水办法》修订，明确要求新建、改建、扩建建设项目按照本市有关规定配套建设雨水收集利用设施，建设单位可以按照有关规定申请减免防洪费。

2012 年 10 月，北京市出台雨水利用奖励政策，凡小区内建设储水能力达 $1m^3$ 的蓄雨池，政府补贴 500 元；蓄水能力达到 $1000m^3$ 将补贴 50 万元。

2013 年 8 月，北京市政府下发《关于印发进一步加强城市雨洪控制与利用工作意见的通知》，提出雨洪控制与利用工程费用列入建设项目总投资；市、区县财政每年统筹一定资金，推进雨水利用类工程建设和运行维护工作；对未使用财政资金建设的雨水利用类工程，结合现有节水设施以奖代补政策，视工程运行效果对项目实施以奖代补。

2016 年 9 月，北京市水务局印发《北京市公共服务类建设项目节水设施方案备案办法（试行）》，要求按照"渗、滞、蓄、净、用、排"的指导原则，绿地、道路应当建设低草坪、渗水地面，使用透水性能好的材料。城镇地区的机关、企业、事业单位院内应当建设雨水收集利用的设施。鼓励单位和居民庭院建设雨水利用设施和渗水井。绿地浇灌应采用喷滴灌方式。

2019 年 7 月，北京市园林绿化局印发《本市老旧小区绿化改造基本要求》，要求绿地灌溉应采用节水灌溉技术，如喷灌或滴灌系统等。提倡雨水回收利用，可采取设置渗水井等集水设施方式，加大雨水利用力度。

五、矿井水利用支持政策

为推动矿井水资源化综合利用，国家出台了一系列相关政策。2013 年，国家发展改革委发布的《关于水资源费征收标准有关问题的通知》中鼓励水资源回收利用。采矿排水（疏干排水）应当依法征收水资源费。采矿排水（疏干排水）由本企业回收利用的，其水资源费征收标准可从低征收。对取用污水处理回用水免征水资源费。2015 年，国务院《水污染防治行动计划》（简称"水十条"）明确指出推进矿井水综合利用，煤炭矿区的补充用水、周边地区和生态用水应优先使用矿井水。

六、微咸水利用支持政策

国家设立专项科研基金，如《国家发展改革委办公厅关于组织申报资源节约和环境保护中央预算内投资备选项目》，鼓励企业和科研机构进行科研攻关，组织实施微咸水利用的重大示范工程，促进微咸水处理利用科技成果的转化。党中央国务院印发《黄河流域生态保护和高质量发展规划纲要》中明确，研究设立黄河流域生态保护和高质量发展基金，围绕生态修复、污染防治、水土保持、节水降耗、防洪减灾、产业结构调整等领域，发挥在黄河流域生态保护和高质量发展中的关键作用。

第五章

非常规水源开发利用管理体系建设情况 ◀

第一节　非常规水源开发利用管理体制

综合来看，我国非常规水利用实行分级、分部门相结合的管理体制，各级水利（水务）、生态环境、住房城乡建设、卫健等部门在各自的职责范围内，对非常规水利用有关工作实施监督管理。

一、再生水利用管理体制

（一）国家层面

从中央层面来看，再生水利用管理主体有水利部、住房城乡建设部、生态环境部等部门，国务院部门"三定"规定及相关法规明确了各部门的工作职责。

1. 水利部

2018 年，水利部"三定"规定，赋予水利部"指导城市再生水利用等非传统水资源开发的工作"的职责，首次在国家层面明确了非常规水源开发的管理部门。

2. 住房城乡建设部

根据 2018 年住房城乡建设部"三定"规定，住房城乡建设部承担的职责包括：指导城市供水、节水、燃气、热力、市政设施、园林、市容环境治理、城建监察等工作；指导城镇污水处理设施和管网配套建设。根据国家《城镇排水与污水处理条例》规定，住房城乡建设部"指导监督全国城镇排水与污水处理工作"。

3. 生态环境部

根据 2018 年生态环境部"三定"规定，生态环境部会同有关部门拟订国家生态环境政策、规划并组织实施，起草法律法规草案，制定部门规章。根据《中华人民共和国环境保护法》的规定，生态环境部对全国环境保护实施统一监督管理，在再生水利用管理方面，生态环境部承担的主要职责是通过拟定并组织实施水体环境保护，对非常规水源利用提出环保要求（如通过提高河湖排放水质标准促进利用再生水、对海水淡化的高盐度尾水对海洋环境影响进行监管等）。

（二）地方层面

地方层面再生水利用管理体制呈现差异性。涉及的管理部门主要包括水行政主管部门、市政行政主管部门、城乡建设行政主管部门、排水行政主管部门、城市节约用水行政主管部门等。

1. 水行政主管部门

近年来，随着我国水务体制改革的深入，地方水务局中承担再生水利用管理职能的数量呈上升趋势。北京、天津、深圳等地明确水行政主管部门负责再生水的监督和管理工作；天津、昆明等地明确水行政主管部门是本市再生水利用的行政主管部门，负责本行政区域的再生水工作。

《北京市排水和再生水管理办法》（2010 年）规定了市和区（县）水行政主管部门的职责，主要包括组织编制本行政区域再生水利用规划与建设计划并组织实施，负责再生水的监督和管理工作。《昆明市再生水管理办法》规定"市水行政主管部门主管本市行政区域内的再生水工作"。《哈尔滨市再生水利用管理办法》（2017 年）规定"市水行政主管部门负责本市再生水利用的监督管理工作，县（市）水行政主管部门负责辖区内再生水利用的监督管理工作"。

2. 市政行政主管部门

厦门、济南市明确市政行政主管部门是再生水利用的行政主管部门，负责再生水利用的监督管理。《厦门市城市再生水开发利用实施办法》（2015 年）规定："市政行政主管部门是本市再生水利用的行政主管部门，负责本办法的具体实施和监督管理；市再生水供水单位具体负责再生水处理、再生水供应、利用和再生水供水设施的管理。发展和改革、建设、财政、自然资源、城乡规划、环保等部门，按照各自职责做好再生水管理相关工作。城乡规划行政主管部门会同发展和改革、市政、环保、城乡建设、水利等部门编制再生水利用专项规划，报市政府批准后实施。"济南市市政公用事业局是济南市再生水设施建设与管理的主管部门，其主要职责是拟定再生水利用专业规划和年度规划，负责新建再生水设施设计审核、工程验收和再生水行业的监督管理。

3. 城乡建设行政主管部门

包头、银川等地的市建设行政主管部门负责市行政区域的再生水管理工作。《包头市再生水管理办法》规定："市城乡建设行政主管部门负责本市行政区域内再生水管理工作，可以委托其设立的再生水监督管理机构具体负责再生水利用监督检查。"《银川市再生水利用管理办法》规定："市建设行政部门是本市再生水利用的主管部门；市再生水供水单位具体负责污水处理、再生水供应、利用和再生水供水设施的管理。"

4. 排水行政主管部门

宁波市再生水利用的管理工作是由城市排水行政主管部门负责，"市城市排水管理机构受城市排水行政主管部门委托，具体负责城市排水和再生水利用的管理工作，县（市）、区人民政府确定的城市排水行政主管部门负责所辖城市规划区内城市排水和再生水利用的管理工作。"

在调研的天津市，市水行政主管部门是本市再生水利用的行政主管部门，但市和区（县）排水管理部门按照职责分工负责再生水利用的管理和监督工作。

5. 城市节约用水行政主管部门

青岛市节约用水行政主管部门主管全市的城市再生水利用工作，职责包括：会同计划、规划、建设、环保等部门编制再生水利用规划，经市人民政府批准后组织实施。《青岛市城市再生水利用管理办法》规定："市城市节约用水管理机构和各区市城市节约用水行政主管部门应当加强对再生水水质的监督，每季度对水质进行抽检，并将检测结果向社会公布。"

部分国家和地方层面再生水利用管理体制情况见表 5-1。

表 5 - 1 再生水利用管理体制

	监管主体	典型地区	职 责
国家层面	水利部	—	指导城市再生水利用等非传统水资源开发的工作
	住房城乡建设部	—	指导监督全国城镇排水与污水处理工作
	生态环境部	—	会同有关部门拟订国家生态环境政策、规划并组织实施，起草法律法规草案，制定部门规章
	国家卫生健康委员会	—	指导突发事件的预警与处置
地方层面（主管部门）	水行政主管部门	北京	负责再生水的监督和管理工作
		天津	市水行政主管部门是本市再生水利用的行政主管部门。市和区（县）排水管理部门按照职责分工负责再生水利用的管理和监督工作
		昆明	主管本市行政区域内的再生水工作
		哈尔滨	负责本市再生水利用的监督管理工作
		深圳	市、区水务部门负责本市行政区域内再生水利用的监督管理工作
	市政行政主管部门	厦门	本市再生水利用的行政主管部门
		济南	再生水设施建设与管理的主管部门，负责再生水行业的监督管理
	市城乡建设行政主管部门	包头	负责本市行政区域内再生水管理工作，委托其设立的再生水监督管理机构具体负责再生水利用的监督检查等工作
		银川	本市再生水利用的主管部门
		大连	城建局负责再生水厂设施运营；水务局指导非常规水资源开发利用工作
	排水行政主管部门	宁波	负责再生水利用的管理工作。市城市排水管理机构具体负责城市排水和再生水利用的管理工作
		天津	市和区（县）排水管理部门按照职责分工负责再生水利用的管理和监督工作
	城市节约用水行政主管部门	青岛	主管全市的城市再生水利用工作。市城市节约用水管理机构和各区市城市节约用水行政主管部门对再生水水质的监督

二、海水利用管理体制

1. 国家层面

国家部委与海水利用事务相关的有国家发展改革委、财政部、工业和信息化部、科技部、水利部、生态环境部、自然资源部等。国家发展改革委、财政部、工业和信息化部、科技部分别从发展战略、产业政策、财税政策、技术装备发展、科技研发等方面为海水淡化利用事业提供发展条件；水利部承担"指导非常规水源开发利用，将淡化海水纳入水资源统一配置"的责任；生态环境部从海水淡化利用的污染防治与环境保护方面对海水利用实施监督管理；自然资源部（并入原国家海洋局职责）从海洋管理与海水利用研究、应用与管理等方面承担相应责任。

2. 地方层面

省级方面。各部门职责分工大体与国家部委相对应，多依照部门职责和相关政策法规，根据实际情况开展管理工作，见表5－2。一些地方还进行了有益探索，如浙江省成立了海水淡化产业发展协调小组，初步形成了省级统筹的管理体系，省发展改革委牵头编制海水淡化产业发展规划，水利厅从非常规水源管理的角度对海水淡化利用实施管理。

表5－2 省（自治区、直辖市）级层面海水利用管理有关部门

省（自治区、直辖市）	海水利用管理的相关部门
天津市	天津市海洋局、天津市水务局、天津市工业和信息化委、天津市发展改革委、天津市科委、天津市规划局、天津市建委等
河北省	河北省水利厅等
辽宁省	辽宁省发展改革委、辽宁省渔业厅等
上海市	上海市海洋局、上海市发展改革委、上海市科委等
江苏省	江苏省发展改革委、江苏省经信委、江苏省沿海办、江苏省海洋与渔业局等
浙江省	浙江省发展改革委、浙江省海洋与渔业局、浙江省财政厅等

省（自治区、直辖市）	海水利用管理的相关部门
福建省	福建省发展改革委、福建省经信委、住房城乡建设局、福建省水利厅、福建省海洋与渔业局等
山东省	山东省发展改革委、山东省水利厅等
广东省	广东省发展改革委、广东省水利厅等
广西壮族自治区	广西发展改革委等
海南省	海南省海洋与渔业厅等

城市方面。实行水务相对集中管理的城市，海水淡化利用纳入水资源统一管理体系，由水务部门进行管理，如天津市、上海市、深圳市、舟山市等。其中，舟山市还建立了海水淡化利用的市、县、乡三级管理体系。

在其他相对分散管理的城市，则是将海水淡化利用管理工作交给多个部门，如厦门市，市海洋局、市计划用水节约用水办公室均承担一部分海水淡化利用管理职责。

三、雨水利用管理体制

农村雨水集蓄利用重点在解决干旱半干旱地区的人畜饮水和集雨灌溉问题。水利部门通过开展农村饮水安全保障工作，加强农村雨水集蓄利用，为广大农村地区解决用水困难、促进农业丰产提供保障；同时卫生部门负有用水水质监督责任。

城市雨水资源利用既属于水资源开发范畴，又属于城市建设管理范畴，具体实施涉及水利、城市建设、市政管理、节水、道路园林等众多部门。

四、矿井水利用管理体制

为解决矿井水利用难、高矿化度矿井水排放标准缺失等实际问题，2020年10月30日，生态环境部、国家发展改革委、国家能源局联合印发的《关于进一步加强煤炭资源开发环境影响评价管理的通知》，调整了矿井水管理思路，明确提出"矿井水应优先用于项目建设及生产，并鼓励多途径利用多余矿井水"，充分利用后仍有剩余确需外排的，明确了外排的条件；同时，为控制高矿化度矿井水排放可能引发的土壤盐渍化等问题，提出外排矿井水全盐量的控制标准。

五、微咸水利用管理体制

微咸水利用作为解决淡水资源短缺的有效途径，推广使用力度持续加大。根据 2018 年国务院批复的"三定"规定，水利部负责"指导城市再生水利用等非传统水资源开发的工作"，其中就应该包括对微咸水利用的管理。因此，总体上看，水行政主管部门对微咸水利用是有责任的。

第二节　非常规水源开发利用协调管理机制

一、再生水利用协调管理机制

2021 年 1 月，经国务院同意，国家发展改革委联合科技部、工业和信息化部、财政部、自然资源部、生态环境部、住房城乡建设部、水利部、农业农村部、市场监管总局等九部门，印发《关于推进污水资源化利用的指导意见》（以下简称《意见》），一方面要求健全价格机制，建立使用者付费制度，放开再生水政府定价，由再生水供应企业和用户按照优质优价的原则自主协商定价。对于提供公共生态环境服务功能的河湖湿地生态补水、景观环境用水使用再生水的，鼓励采用政府购买服务的方式推动污水资源化利用。另一方面要求完善财金政策。加大中央财政资金对污水资源化利用的投入力度。支持地方政府专项债券用于符合条件的污水资源化利用建设项目。鼓励地方设计多元化的财政性资金投入保障机制。鼓励企业采用绿色债券、资产证券化等手段，依法合规拓宽融资渠道。稳妥推进基础设施领域不动产投资信托基金试点。探索开展项目收益权、特许经营权等质押融资担保。落实现行相关税收优惠政策。确保污水资源化利用政策体系和市场机制基本建立。《意见》还要求完善公众参与机制，充分发挥舆论监管、社会监督和行业自律作用，营造全社会共同参与污水资源化利用的良好氛围。

二、海水利用协调管理机制

2012 年，国务院办公厅发布的《关于加快发展海水淡化产业的意见》中指出发展海水淡化产业是一项系统工程，建立由发展改革委牵头，科技部、工业和信息化部、财政部、环境保护部、住房城乡建设部、水利部、卫生部、税务总局、质检总局、能源局、海洋局等有关部门参加的海水淡化产业发展部际协调机制，国家发展改革委负责综合协调和指导推动，各有关部门按照职责分工做好工作，加强统筹协调，综合发挥各相关部门作用共同推进海水淡化产业健康快速发展。文件还强调实施金融和价格支持政策。鼓励金融机构在风险可控和商业可持续的前提下，创新信贷品种和抵质押方式，加大对海水淡化项目的信贷支持；支持符合条件的海水淡化企业采取发行股票、债券等多种方式筹集资金，拓展融资渠道；引导民间资本合理、规范地进入海水淡化产业。在沿海地区，特别是沿海缺水地区和海岛，加快建立能够反映资源稀缺性、科学合理的水价形成机制，提高供水企业使用海水淡化水的积极性，推动海水淡化产业加快发展。

近年来，天津、山东、江苏等省（直辖市）研究制定支持海水利用相关的区域部门协调机制，天津海水淡化产业（人才）联盟、胶东经济圈海水淡化与综合利用产业联盟和山东省海水淡化利用协会相继成立。以山东省海水淡化利用协会为例，该组织有利于促进企业与企业、企业与政府、企业与科研机构之间"产学研用"深度融合一体化发展，促进构建产业链、资金链、人才链、技术链"四链合一"的海洋经济发展生态，为解决山东省沿海水资源短缺，推进山东省海水淡化规模化应用，促进山东省海洋经济发展作出积极贡献。各地的相关协会和平台搭建了各主体间交流协作的桥梁，有助于海水利用产业在沿海地区进一步集聚发展。

三、雨水利用协调管理机制

2015 年，国务院办公厅发布的《推进海绵城市建设的指导意见》

中要求创新建设运营机制。区别海绵城市建设项目的经营性与非经营性属性，建立政府与社会资本风险分担、收益共享的合作机制，采取明晰经营性收益权、政府购买服务、财政补贴等多种形式，鼓励社会资本参与海绵城市投资建设和运营管理。强化合同管理，严格绩效考核并按效付费。鼓励有实力的科研设计单位、施工企业、制造企业与金融资本相结合，组建具备综合业务能力的企业集团或联合体，采用总承包等方式统筹组织实施海绵城市建设相关项目，发挥整体效益。

四、矿井水利用协调管理机制

由国家发展改革委、水利部牵头，国家能源局、工业和信息化部门参与推广矿井水综合利用。鼓励实施矿井水分级处理、分质利用，推动矿井水用于矿区补充水源和周边地区生产、生活和生态用水。在西北、华北、东北等具备条件地区，实施矿井水综合利用工程，加大矿井水利用。黄河流域陇东、宁东、蒙西、陕北、晋西等能源基地，加快煤炭矿井水循环利用和规模化综合利用。

五、微咸水利用协调管理机制

《"十四五"节水型社会建设规划》明确提出，西北、华北、东北等具备条件地区的微咸水与矿井水利用工程一起被列为非常规水源利用工程。

第六章

非常规水源开发利用存在问题分析

第一节　在利用程度和利用水平方面

无论与国务院《水污染防治行动计划》的目标相比，还是与《国家节水行动方案》的要求相比，总体上我国非常规水源利用的规模和比例都还比较低，利用水平不高。

一、非常规水源开发利用量偏少

虽然近年来我国非常规水源开发利用取得较大进展，但开发利用程度总体上还比较低。2015 年，非常规水源开发利用量占供水总量的比重刚到 1%；2020 年达到最高值，也仅占用水总量的 2% 左右，而且这一年非常规水源利用量创历史最高，利用量达到 128 亿 m^3，而同年用水总量却较低，仅为 5813 亿 m^3。

二、非常规水源利用率偏低

2020 年，全国非常规水源利用量达到 128.1 亿 m^3，但非常规水源利用率偏低。以潜力最大的再生水为例，2020 年我国污水回用率还不足 10%。雨水、矿井水等其他非常规水源的利用率，也由于设施不足等因素，资源化利用率不高。

三、非常规水源利用水平不高

我国的再生水主要应用在工业生产、市政杂用、景观用水和农业灌溉等领域，其中使用在河道补水等景观用水的占比较高，回用水平不高。微咸水的用途也较为单一，主要用于农业灌溉和经过淡化处理后用于饮用。

第二节　在非常规水源开发利用规划方面

一、规划缺位并与现有规划间衔接不够

一是非常规水源利用专业规划滞后。非常规水源的利用主体在城市一级。客观说，编制全国层面的非常规水源利用规划，不具备必要性和可行性。从地方实践看，大部分城市没有编制非常规水源利用规划，只有一些专项规划，集中在再生水、海水利用、雨水利用等领域。我国不同地区的水资源条件、水资源需求差异较大，发展重点不同，非常规水源利用规划不健全，不利于对本地水资源的开发、配置、利用等形成统筹指导，也不利于统筹推进常规水源工程设施和非常规水源工程设施建设。

二是非常规水源利用的配套管网规划建设滞后。限于各方面因素，许多地方非常规水源管网建设不能满足需要，非常规水源管网的覆盖范围难以达到自来水管网的辐射程度。受到配套管网限制，非常规水源厂的利用率较低、不能满负荷运转。有厂无网，成为当前制约非常规水源利用的主要瓶颈之一。

二、非常规水源纳入水资源统一配置和管理的程度不高

尽管 2017 年水利部已经出台了《关于非常规水源纳入水资源统一配置的指导意见》，但目前仍有一些城市未将非常规水源纳入水资源统一配置。同时，现有的法规、政策、标准、规划也不能满足非常规水源开发利用的实践需要，在规划、设计、建设、管理、运行、使用、收费、监督、奖励、处罚等方面也存在缺失，对非常规水源开发利用全过程缺乏监管。

第三节 在法律法规、规范标准方面

一、非常规水源利用法律支撑保障不足

（1）国家层面立法跟不上实践需要。目前，《中华人民共和国水法》《中华人民共和国水污染防治法》《中华人民共和国海洋环境保护法》《中华人民共和国循环经济促进法》等法律有关章节有少量涉及非常规水源开发利用一方面或几方面的条款；但国家层面尚无一部专门的非常规水源利用法律或法规。现有法律中仅笼统地提出鼓励和支持，如《中华人民共和国循环经济促进法》第二十条规定"国家鼓励和支持沿海地区进行海水淡化和海水直接利用，节约淡水资源"，缺乏具体的措施条款。

（2）地方层面对非常规水源利用法规建设的探索有所进展，但整体上仍还不健全不完善。近年来，地方根据自身实践需要，对非常规水源立法进行积极探索，取得一定进展。如再生水方面，地方性法规有 2 部，包括《天津市城市排水和再生水利用管理条例》和《宁波市城市排水和再生水利用条例》；北京、天津、大连、深圳等城市则出台了专门针对再生水利用的规章与规范性文件。河南省出台《河南省非常规水开发利用管理暂行办法》，明确非常规水源的概念、管理内容、使用要求、具体规定等。但整体看，出台专门法规和规范性文件的地区是少数，粗略统计，各地出台的直接面向再生水利用的法规、规章与规范性文件仅 43 部。

（3）现行法律法规对非常规水源利用缺乏约束力。涉及非常规水源利用的条款分布零散，除北京、天津等城市外，我国大多数省会城市与副省级城市、计划单列市也出台了涉及非常规水源利用的法规，但缺乏强制性条款，约束力不强，对促进非常规水源利用的效果不强。

二、非常规水源利用技术标准体系尚不健全

（1）分类不统一。《城市污水再生利用分类》（GB/T 18919—

2002）中将环境用水分为三类，即娱乐性景观环境用水、观赏性景观环境用水、湿地环境用水，但《城市污水再生利用 景观环境用水水质》（GB/T 18921—2002）中仅将景观环境用水分为观赏性景观环境用水和娱乐性景观环境用水，未分列湿地环境用水。

（2）指标名称不统一。《污水再生利用工程设计规范》（GB 50335—2016）4.2.2条列举的"再生水用作冷却用水的水质控制指标"与《城市污水再生利用 工业用水水质》（GB/T 19923—2005）中的指标不同，名称也不一致，比如在《污水再生利用工程设计规范》（GB 50335—2016）中称为"循环冷却系统补充水"，而在相关水质标准中再生水用作工业用水水源称为"敞开式循环冷却水系统补充水"，在执行过程中容易使设计人员以及再生水的供需双方无所适从。

（3）分析方法不统一。对于氨氮的测定，《城市污水再生利用 景观环境用水水质》（GB/T 18921—2019）要求使用蒸馏-中和滴定法（HJ 537—2009）测定，《城市污水再生利用 城市杂用水水质》（GB/T 18920—2020）要求使用纳氏试剂比色法（GB/T 5750—2006）测定；色度在《城市污水再生利用 城市杂用水水质》（GB/T 18920—2020）和《城市污水再生利用 景观环境用水水质》（GB/T 18921—2019）中采用铂钴标准比色法（GB/T 5750—2006）测定，《城市污水再生利用 工业用水水质》（GB/T 19923—2005）中要求用稀释倍数法测定。

（4）部分指标缺失。随着生活水平提高，人们对再生水回用的安全性提出了更高要求。重金属、农药、有机污染物、内分泌干扰物等指标对人体健康有较大的潜在影响，但除了在《城市污水再生利用 景观环境用水水质》（GB/T 18921—2019）中以"选择控制项目最高允许排放浓度（以日均值计算）"的方式列出了部分上述指标之外，在其他几项再生水水质标准中未考虑同类的污染物。

（5）水质监管要求缺失。大部分再生水利用技术标准未对再生水水质的监管提出明确要求，只有《城市污水再生利用 工业用水水质》（GB/T 19923—2005）要求"当再生水用作工业冷却水时，循环冷却水系统检测管理参照《工业循环冷却水处理设计规范》（GB

50050—2007）的规定执行"。

第四节　在非常规水源开发利用支持政策方面

一、价格政策支撑不够

（1）价格水平总体偏低，生产成本与价格倒挂。非常规水价格制定缺乏相应的政策扶持。许多城市从鼓励用户使用非常规水源出发，实行了较低的非常规水使用价格政策，导致价格与生产成本的倒挂，降低了再生水等生产企业的生产意愿和积极性，再加上没有合理的政策性补贴，不利于企业的长期运营。

（2）非常规水与自来水的价差不明显，价格优势无法发挥。由于多数城市自来水没有形成合理的水价机制，自来水价格也偏低，导致非常规水与自来水之间的价差难以拉大。这种情况限制了非常规水的合理定价，造成非常规水的价格优势难以显现，制约了再生水等非常规水源利用市场的培育和发展。

（3）分质供水价格体系没有建立，价格结构不合理。以再生水为例，再生水主要用于景观环境、城市杂用、工业、农林牧业等方面，不同的用户对再生水的水质要求不同，而不同水质的再生水生产成本也不一样，需要对不同水质的再生水分别制定不同的价格。然而目前，我国多数城市没有真正地实现分质供水，只是简单地根据不同使用主体进行区别定价，缺乏科学性和政策性。单一的再生水水价制度，一方面难以反映再生水生产成本，另一方面也不利于激发再生水生产企业的积极性，在一定程度上制约了再生水利用的发展。

（4）成本分担机制没有建立，相关优惠补贴政策亟待健全。非常规水作为准公益产品，市场竞争力不强，销售价格往往难以覆盖实际生产成本，政府需要对生产成本进行分担。近年来，尽管北京、天津等城市积极开展了再生水利用、海水淡化利用等，并取得一定成效，国家有关部门也在积极倡导开展再生水利用，但是相比于再生水利用工作推进，我国非常规水源利用的有关激励机制与制度建设还很滞后，特别是政府如何对非常规水源生产成本进行合理分担没有明确，相关优惠补贴政策亟待健全。

二、投融资政策引导性不强

（1）政府对非常规水，主要是再生水厂与管网建设投入明显不足，直接导致再生水利用设施建设滞后。再生水利用工程具有前期投入大、资金回收期长、公益性较强、利润微薄等特点。考虑到我国区域经济水平差异大，多数中西部缺水城市的再生水利用设施建设的投入更低。

（2）融资渠道比较单一，社会资本融资的积极性不高。城市污水处理设施及配套管网的建设资金大、投资回收慢，是现阶段城市再生水利用发展面临的一大难题。由于城市再生水利用相对于城市供水更具有很强的公益性，所以政府和公共财政应发挥的作用要远远大于供水领域，这种作用应更多体现在政府加大投资建设再生水利用设施以及制定吸引和鼓励私人部门参与建设的优惠扶持政策等方面。但从目前各地城市再生水利用设施资金筹措现状看，由于缺乏多元化的投资渠道和吸引社会资本投资的激励性措施，使外资和民营资本投资出现瓶颈效应，也抑制了社会资本参与城市再生水利用项目的积极性。融资能力不足问题仍制约着城市再生水利用设施建设的发展。

三、产业政策作用尚未充分发挥

非常规水源利用工程具有前期投入大、资金回收期长、公益性较强、利润微薄等特点。为了推动非常规水源利用事业的发展，国家和地方近年来出台实施了一些鼓励、优惠政策，但政策比较宏观，缺乏具体措施，政策的有效引导和激励作用还不突出。

（1）产业发展政策过于宏观，没有详细的配套措施出台。国家和地方政府制定的相关政策、法规，对于非常规水源利用，从内容上看均是以"鼓励"为主，但对如何鼓励并没有具体措施，缺乏详细的实施细则，实际执行中可操作性不强。

（2）减免有关税费的政策没有得到很好执行。国家及地方出台了一些鼓励、优惠的政策，但没有很好执行。例如，2004年国务院颁布《关于推进水价改革促进节约用水保护水资源的通知》，规定对再生水生产用电实行优惠电价，不执行峰谷电价政策，免征水资源费和其他附加费用。《城市污水再生利用政策》规定，"对开发、研制、生产和使用列入国家鼓励发展的再生水利用技术、设备目录的单位，按国家有关规定给予税费减免等政策性优惠支持。"但从实际执行情况看，对再生水生产的用电优惠政策以及税费减免政策实际执行效果并不理想。再生水厂仍普遍执行工业用电价格，没有享受优惠电价政策；多数再生水厂建在污水处理厂内，并非一个独立水厂，难以享受到免征增值税的优惠政策。

（3）资金投入政策不完善，社会参与不足。非常规水源利用工程公益性较强，政府和公共财政应发挥的作用要远远大于供水领域，但当前政府投入不足。融资渠道比较单一，缺乏吸引社会投资的激励性措施，外资和社会资本进入意愿不高。

（4）对相关技术创新与应用激励不足。目前，我国海水淡化、再生水处理等在处理技术和工艺上与国外差距不大，但由于国内设备品种不全、结构不合理、产品质量不稳定等，其关键设备、关键部件主要依靠进口。缺乏有效的扶持政策，对技术创新与应用激励不足，制约了设备国产化发展。

第五节　在非常规水源开发利用管理方面

一、管理体制、职责界定方面尚不够协调

中央与地方在非常规水源利用管理体制上存在错位、不顺接问题。国家层面，水利部"指导城市再生水利用等非传统水资源开发的工作"，住房城乡建设部、国家海洋局、生态环境部、卫生健康委、工业和信息化部等众多部门涉及非常规水源利用设施的规划、建设、运行、监管等职能。地方层面，由于经济条件与水资源禀赋条件差异很大，管理体制呈现较大差异性。在成立了水务局并落实了相关职能

的城市，水务局可以承担起非常规水源的统筹规划、利用、建设运行、监督管理等职责，比如北京、深圳、昆明等，而这种体制也被证明对推进非常规水源利用是卓有成效的。当然，也有一些成立水务局的城市，限于自身发展实际和水服务机构的运营现状，职能并未调整到位。未成立水务局的城市，非常规水源设施的建设、运行及监管职能主要在城建部门，也有的设在节水办；甚至有的城市市级主管部门和下辖各区县的主管部门也不一致管理。体制上下不一、差异多样，不利于全国统筹指导非常规水源利用工作，也不利于推动相关规划政策的有效落实。

二、非常规水源利用设施运行管理方式落后

一是运行管理要求需要协调统一。非常规水源开发利用设施的运行管理涉及水利、住房城乡建设、海洋、生态环境等部门，各部门根据工作需要从不同侧面对非常规水源开发利用进行管理，如水利部在节水型社会建设中明确提出污水处理回用率指标，将其作为节水型社会建设成效的重要考核指标；国家海洋局将海水直接利用和淡化利用，纳入开发利用海洋资源的政策和管理体系。再生水、海水、雨水、矿井水、微咸水等非常规水源在未经技术手段处理前其管理主体隶属于不同的部门，但一旦经技术处理达到用水标准后，就成为水资源配置体系中不可或缺的组成部分，此时水行政主管部门应当履行其对水资源统一管理的职能，对相关的运行管理要求应当进行明确。

二是管理方式仍需优化。要兼顾我国再生水利用发展模式具有集中式与分散式并存的特点，不同水资源条件、不同经济发展地区，再生水利用的发展模式不尽相同。在严重缺水的北京、天津等地，地方财政经济实力较强，能够对再生水厂与管网建设及运行提供资金、政策支持，这些地区大多以发展集中式再生水利用设施为主。但也有众多城市输配水管道不足，成为制约再生水利用发展的重要因素。相比于集中式处理设施，分散式再生水利用设施投资较小、设置灵活、简便易行，利用效果更好，各地都有分布，如昆明市，分散式再生水利用设施广泛分布于学校、公交停车场、企业、服务行业、住宅小区、

市政园林绿化等行业和单位。针对再生水利用设施集中式与分散式并行的特点，目前的管理在尊重区域发展规律、因地施策方面有待加强。

三、社会公众参与度不高

对非常规水源利用缺乏有效和全面的宣传，公众对非常规水源的安全性认识不足，一些潜在用户对使用非常规水源存有顾虑，造成公众参与度低，非常规水源开发利用难以形成规模。推动全社会提升非常规水源利用意识不够，尚未能从节水文化建设的高度健全公众参与机制，公众参与范围需进一步扩大，公众参与程度仍需提高。

第七章

非常规水源开发利用典型案例与经验做法 ◀

第一节　非常规水源开发利用典型案例

近年来，国家有关部门不断加强非常规水源开发利用管理工作，要求将城镇再生水、淡化海水、集蓄雨水、矿井水和微咸水等非常规水源纳入水资源统一配置，加快推进非常规水源开发利用。考虑案例代表性、地域分布、工作基础等因素，选择了一些国内典型调研地区进行案例考察，这些案例涵盖了不同类型的非常规水源利用。同时也考察了国外的一些案例，以期得到一些参考或借鉴。

一、再生水开发利用

（一）国内典型地区再生水利用方面的典型案例

1. 江苏省

江苏省鼓励污水处理厂配套建设再生水利用系统，处理过后的再生水主要用于城乡绿化、环境卫生、建筑施工、道路和车辆冲洗等市政用水，冷却、洗涤等企业生产用水，观赏性景观、生态湿地等环境用水。江苏省将非常规水源利用要求纳入《江苏省节水型社会建设规划纲要》，全省城市新、改、扩建设计日处理能力 5 万 m^3 以上的污水处理厂，有条件的应当配套建设再生水利用系统，鼓励设计日处理能力 5 万 m^3 以下的污水处理厂配套建设再生水利用系统。具备使用再生水条件，但未充分利用的钢铁、火电、纺织、化工等高耗水行业不再批准项目取水。常州市水利（水务）部门主动协调钢铁企业使用再生水。江苏中天钢铁集团已利用戚墅堰污水处理厂再生水作循环冷却水，再生水日供水量 2.5 万~3.0 万 m^3；溧阳申特钢铁利用城区污水处理厂再生水，基本消化了溧阳城区尾水。徐州潘塘电厂、华润电厂在水资源论证中要求使用再生水水源。工业园区（集中区）在规划设计或后续改造过程中均采用了废（污）水集中处理回用技术，昆山光电产业园在水资源论证中要求一半使用园区废污水集中处理后的达标尾水；南通崇川区纺织印染工业园区利用"膜技术"对印染废水深度处理回用于生产，污水处理规模为 $5000m^3/d$，回用水规模为 $4800m^3/d$，基本实现了园区印染废水"零排放"并再生循环利用。

2. 浙江省

根据《浙江省市政公用事业发展"十三五"规划》，浙江省积极推进城市生活污水处理厂处理尾水再生利用工程建设。舟山市再生水开发利用主要有两种方式：一种是集中式城市再生水回用；另一种是分散式城市再生水回用。舟山市污水处理再生回用主要在市本级开展，再生水全部用于市区河道景观。余姚市通过引导和水价倒逼机制，促使企业进行节水改造，在电镀、印染等行业企业开展了再生水利用，利用途径主要为工业循环冷却用水、基建用水、绿化和市政道路清洁用水。据统计，2017 年，全省再生水利用量率为 12.86%。义乌市双童日用品有限公司建设了厂区内生活废水收集回用系统、工业水循环回用系统和生产热水循环回用系统；滨海再生水厂以小曹娥生活污水处理厂的尾水为水源，日再生水生产能力为 1 万 m^3，主要负责附近的宁波金兴金属加工有限公司等 7 个企业的工业循环冷却用水、基建用水、绿化和市政道路清洁用水；玉环县坎门污水处理厂污水处理回用玉坎河工程日回用 2 万 m^3 中水，有效地改善了玉坎河河道水质；玉环医院废污水回用工程日回用 $300m^3$ 中水，用于冲厕和绿化浇灌。

3. 山东省

由于各地进水水质情况、出水水质要求等不同，再生水的处理工艺组合各不相同。根据处理模块组成的不同，山东省再生水利用方式主要有两大类：①污水处理厂-再生水厂-再生水管道-用户；②污水处理厂-人工湿地-用户。再生水主要用于城市景观、市政杂用、部分工业，具有替代淡水、增加供水、减少排污的作用。

4. 上海市

由于城市特点和水资源条件，上海市历来没有建设规模化的再生水厂网。上海市再生水利用主要根据国家相关要求并结合地区和城市实际开展，以探索鼓励和示范为主，包括工业企业中水回用和污水处理厂污水再生利用两个方面。再生水使用主要以内部消化为主，个别示范工程有外供使用的情况。企业中水回用主要是用于工业用水。污水处理厂污水再生利用主要是部分污水处理厂将达标处理后的污水应用于厂内或周边绿化浇灌、道路冲洗、城市杂用，或者结合中水供需实际实施外供。

5. 陕西省

2020 年，陕西省非常规水源利用量为 4 亿 m^3，其中，再生水年利用量为 2.8 亿 m^3，利用率由 2008 年的 3.9%提高到 2020 年的 21.75%。非常规水源利用主要集中在西安和榆林两市，同时两市分别作为国际化大都市和陕北能源化工基地核心城市，具有很强的代表性。从 20 世纪 90 年代西安市作为全国五个污水回用试点城市之一，经过 20 多年取得了长足的发展。先后出台了《城市节约用水条例》《城市污水处理和再生水利用条例》《城市供水用水条例》等法律法规，以及污水处理设施、再生水处理设施建设、再生水利用和污水管网"十二五"规划和雨水利用等规划，健全了法律法规和规划体系。西安市政府将城市供排水、污水处理和再生水利用等职能交由市水务局统一管理，打破了"多龙"治水的管理体制，建立了权责统一、高效的水资源管理体制，形成"大水务"管理格局。截至 2021 年底，西安市再生水利用量达 1.9 亿 m^3，共有 25 座污水处理厂，其中有 24 座可做二、三级处理，污水管道达 3080.57km，污水日处理能力达 236.8 万 m^3，全年共处理污水 74971 万 m^3，再生水利用率达到 26.5%，主要用于景观环境（70.93%）、工业（12.30%）、城市杂用（8.17%）、绿地灌溉（7.93%）、农业灌溉（0.67%）。

6. 河北省

截至 2021 年底，全省累计建成污水处理厂 210 座，形成污水处理能力 1064 万 m^3/d，其中 137 座污水处理厂排放标准高于一级 A 标准。实现了所有县级以上城市、县城全部建有污水处理厂的目标，在一定程度上缓解了城市水资源供需矛盾的状况。据统计，2020 年，全省非常规水利用量达到 7.09 亿 m^3，再生水利用率达 41.36%，主要用于工业、农业、绿化和景观用水。

7. 安徽省

安徽省芜湖市的再生水利用具有巨大的潜力。《芜湖市水污染防治行动工作方案》要求："具备使用再生水条件但未充分利用的钢铁、发电、垃圾焚烧、化工、制浆造纸、印染等项目，不得批准其新增取水许可。"芜湖市相关企业可考虑再生水来代替新增水源。芜湖市公园绿地较多，中心城区绿化覆盖率达 37%，绿地率达 34%，人均公园绿地面积 10.8m^2。城市的绿地浇洒水源基本为自来水，经处理过的再生水水质完全可以用于绿化浇洒。并且再生水中所含的氮、磷等营养元素，可以提供草木丰富的营养，同时又节约用水。再生水用于建成区景观水体的换水补水，既保证河道有足够的水动力，又减少清洁水量的使用，对合理调度现有水源起到积极的作用。预测 2030 年，芜湖市城市污水排放量可达 8 亿 m^3，再生水利用需水规模为 1.7 亿 m^3，节水效果显著。

（二）国外典型地区再生水利用方面的经验做法

为解决日趋严重的缺水问题，许多国家和地区把再生水列为"城市第二水源"，研究国外再生水利用对我国城市污水再生利用发展具有参考价值。

1. 美国

再生水已成为美国缺水城市水资源的重要组成部分，其主要用途包括农业灌溉、景观灌溉、工业回用、地下水回灌和娱乐环境用水。其中，灌溉用水占总回用量的 60%，工业回用占总用水量的 30% 左右，地下水回灌和娱乐环境用水等其他方面的回用水量大约在 10%。再生水的处理流程大致为：污水通过二级和二级强化处理后再经过包括微滤、活性炭吸附、反渗透和消毒等环节的高级处理，水质达到饮用水标准。这类水可以直接注入饮用水含水层，用作地面或地下饮用水水源的补充。在没有制定统一的再生水利用标准和法规的前提下，各州自行制定符合实际水资源利用情况的地方标准，具有一定的灵活性和适用性。

2. 新加坡

在新加坡，再生水被称为"新生水"。新生水的工艺流程比再生水复杂，出水质量更高，可达到饮用水标准。其大致的工艺流程为：城市污水经过完全收集后输送到污水处理厂，经过严格的二级处理后，再通过两个阶段的膜处理和紫外线消毒处理，成为新生水。早在2003年，新生水就已经作为自来水的一部分，成为新加坡的供水来源之一。新加坡政府制定了新生水利用的2060年长远规划，政府每年投入大量资金，进行新生水的处理工艺研发，同时兴建污水处理厂。在新加坡，污水经过先进工艺处理后，各项技术指标均高于一般的自来水，且高于世界卫生组织规定的国际饮用水一般标准的50倍，得到了国民的一致认可。

新加坡的水质监控追求的是水质的绝对安全。新加坡的再生水和饮用水执行同一标准，既考虑了世界卫生组织《饮用水水质指引》，又考虑了新加坡的供水安全。具体来说，新加坡的饮用水标准共有292项指标，既高于美国环保署（USEPA）制定的97项指标，又高于世界卫生组织制定的116项指标。新加坡政府不断加强水质安全工作，通过技术进步，降低水质突发事件风险。比如，新加坡公共事业局（PUB）在外引水的源头装有一个鱼苗生物传感器，一旦外引水出现异常，可迅速发现并及时采取应对措施，以防污染事件的扩大；定期检测水中的生物体，补充常规水质检测的不足；分析水中污染物变化和对生物体的影响，既可快速分析水体的毒性，又可预测水体的潜在风险。这些措施的制定和落实，有效保障了用水安全。在设备维修方面，新加坡政府明确规定，只有获得PUB执照许可的水管工人才能提供与饮用水有关的相关维修服务；对所采用的给排水管材、配件，必须符合相关规定和标准，以确保"供水链"安全不受损害。

新加坡政府立足于缺水的现实，通过制定严格的再生水标准，实现了用水途径的拓展和循环利用，为世界其他缺水城市再生水开发利用提供了经验。比如，在废水污水再利用方面，高度重视水资源的全方位管理；下大力兴建下水管道设施收集系统，有效收集废水污水；建设相对独立的排水系统和下水管道污水处理体系，扩大污水处理和再利用空间。

3. 日本

在日本，再生水又被称为"中水"，主要用于城市景观、河道、工业用水、融雪和厕所冲洗。从 1980 年开始，日本将部分城市污水处理后输送到河流上游，作为城市河段景观用水，用处理后的城市污水，改善居民休闲场所的水环境或向没有固定水源的市内河流补充景观用水。通过以上这些措施，150 多条小河实现了修复和水资源保护的良好效果。日本还采用单独循环或区域循环管道系统输送再生水，用于厕所冲洗。

再生水作为水循环计划中的重要组成部分，随着水循环体系构筑计划的提出和建立，日本再生水利用行政主管部门、地方政府和行业协会等组织，分别制定了相关的指南、规定、纲要和条例，形成了一套完整的政策标准体系，主要包括《污水处理水循环利用技术方针》《冲厕用水、绿化用水：污水处理水循环利用指南》《污水处理水中景观、戏水用水水质指南》《再生水利用事业实施纲要》《再生水利用下水道事业条例》《污水处理水的再利用水质标准等相关指南》《污水处理水循环利用技术指南》《污水处理水中景观、亲水用水水质指南》等。经过 30 多年的积累，日本污水再生利用工作在综合管理、技术开发应用等方面取得了重要成果，对其他国家开展再生水利用提供了经验和借鉴。

4. 以色列

作为水资源极度缺乏的国家，以色列在污水净化和回收利用方面做了大量的工作，是世界上再生水利用率最高的国家。再生水主要回用于灌溉、工业企业、家庭冲厕、生态补水等。以色列再生水约有 42% 用于灌溉，30% 回灌地下，其余用于工业和城市杂用等。以色列在全国各地建有120多座污水处理厂，其中最大的两个是沙夫丹和吉雄，分别位于中部最大城市特拉维夫市和北部最大城市海法附近。这两家污水处理厂均由以色列国家水务公司兴建和管理。沙夫丹污水净化厂是世界上最大的污水处理厂，每年处理1.3亿t污水，经过处理后的水全部通过管道输往南部沙漠，用于农业生产灌溉。吉雄污水净水厂净化后的水用于北部农业灌溉。各地污水处理厂通过征收污水处理费和出售再生水的收入保持运转。政府每年投资约1.2亿美元，用于修建和维护污水收集和处理设施。目前，以色列城市污水的回收利用率已达80%，位居全球第一。

以色列将水列为国家的战略资源，属于国家所有，水为公有资源配额制使用。1959年，以色列出台《水法》，对国家水资源的所有权、开采权和管理权等作出了明确规定。根据这一法律，全国水资源为公有财产，由国家统一配发使用，任何单位和个人不得擅自开采。《水法》还特别规定，私人土地上的水资源也是社会公共财产。此后，以色列又颁布了《水井法》《河溪法》等一系列与水资源有关的法律法规。根据这些法律法规，挖水井、截留雨水要向政府提出申请并缴纳相应的税费，水井的深度及每年的取水量需要报批。自这些法律法规出台后，在执行层面得到了严格落实，为节水农业的发展提供了法律保障。以色列国家水资源委员会负责对水资源的统一归口管理。水资源委员会除制定全国水政策外，还负责调节水价、分配水源、保护土壤、防止污染以及废水回收和再利用等工作。除了水资源委员会，政府还相应设立了部际委员会，协助对水资源进行开发、监督、管理和使用等工作。以色列国家水务公司负责全国的供水和三个大城市群的废水回收利用。水资源委员会每年将用水配额分配给全国的集体农庄或村委会，再由集体农庄或村委会分配给农户。实践表明，配额制有利于农户对农业生产进行长期规划，包括选择作物、确定种植面积等。与配额制相配套的是阶梯式水价。以色列将水资源分为天然淡水、淡化海水、地下咸水、再生水（废水回收）和拦截雨水等几个类别，不同类别的水价格不同。在用水配额内，水价被分为三级，超额用水将会受到巨额罚款。

以色列将污水再生利用以法律的形式给予保障，污水资源化给以色列带来了极大的经济效益。水资源严重短缺的条件、明晰的法律体系、严格的用水配额制和阶梯式水价，使以色列人具有较强的节水意识，成为世界上再生水利用程度最高的国家。

二、海水淡化开发利用

（一）国内典型地区海水淡化开发利用方面的经验做法

1. 天津市

天津市的海水直接利用起步于 20 世纪 80 年代，逐步形成了明显的区位优势、产业优势和雄厚的技术实力。2022 年，天津印发了《促进海水淡化产业高质量发展实施方案》，对市政用淡化海水给予财政补贴，推进临海就近的热电、钢铁、化工等高耗水产业，适度发展淡化海水利用。以天津大港发电厂为例，采用海水循环冷却方式，将自然海水通过引水渠引入厂区循环利用，对电厂发电设备进行冷却，节约淡水资源。天津国投北疆电厂作为中国最大的海水淡化示范基地，采用"发电—供热—海水淡化—浓海水制盐"模式，利用发电余热进行海水淡化，海水淡化产生的浓缩海水又被引入盐场制盐，盐场年产量因此提高一倍。该基地一期日产 20 万 t，在满足自用的同时可为滨海新区提供淡水资源，二期工程投产后每年可输送淡水 1.5 亿 t。海水冷却已经在天津滨海新区得到广泛推广应用，成为非常规水源利用的发展方向之一。

2. 青岛市

青岛市的海水利用方式主要为海水淡化，一类用于工业用水，如电力、石油、化工、钢铁等高耗水行业；另一类用于市政供水。自1998 年开始，黄岛发电厂与国家海洋局天津海水淡化与综合利用研究所合作，利用发电厂低压蒸汽作热源进行淡化，淡化优质纯净水的成本约为 5 元/ m^3。2005 年，黄岛发电厂成为全国首家全部采用海水淡化水解决电厂用水的发电企业。2006 年，田横岛建成了"太阳能海水蒸馏淡化"工程，将多级闪蒸与低温多效蒸馏相结合，生产出达到饮用标准的纯净水，年生产淡水 10 万 m^3，使海岛上千人的生活用水问题得到了解决。

（二）国外典型地区海水淡化开发利用方面的经验做法

从历史发展进程来看，产业化规模的海水淡化起始于 20 世纪初期，但从 20 世纪 60—80 年代才开始实际性发展与推广。许多缺水的国家通过海水淡化，基本实现淡水自给自足。从世界范围来看，中东和北非地区是全球海水淡化设施最为集中的地区，全世界约 55% 的淡化海水生产能力分布于这一地区的一些国家，其中绝大部分又都位于海湾地区的 6 个阿拉伯国家。

1. 沙特

沙特阿拉伯王国简称沙特，位于亚洲西南部的阿拉伯半岛，是名副其实的"石油王国"，石油储量和产量均居世界首位，也使其成为世界上最富裕的国家之一。沙特地势西高东低，大部为高原，北部有大内夫得沙漠，南部有鲁卜哈利沙漠。沙特西部高原属地中海气候，其他地区属热带沙漠气候。夏季炎热干燥，最高气温可达 50℃ 以上；冬季气候温和。年平均降雨不超过 200mm。水资源以地下水为主，地下水总储量为 36 万亿 m^3。沙特是世界上最大的淡化海水生产国，其海水淡化量占世界总量的 21% 左右。沙特共有 30 个海水淡化厂，日产 300 万 m^3 淡化水，占全国饮用水的 46%。沙特共有 184 个蓄水池，蓄水能力 6.4 亿 m^3。

2. 阿联酋

阿联酋是阿拉伯联合酋长国的简称，位于阿拉伯半岛东部，首都阿布扎比，迪拜是阿联酋最大的城市，也是作为阿联酋经济发展最快的地区。统计表明，阿联酋年水资源人均拥有量不足 900 m^3，是全球水资源最为匮乏的国家之一。阿联酋除加强立法保护水资源外，还通过人工回灌地下水和大力发展海水淡化产业解决水资源短缺问题。海水淡化是阿联酋用水的第二大来源，尤其工业和生活用水中的 98% 都来自海水淡化。阿联酋是中东和北非地区仅次于沙特阿拉伯的第二大淡化海水生产国，在全球每年淡化海水的总量占到 14%。2017 年，阿联酋每天的生产淡化海水量就已经达到 451.6 万 m^3。2009 年，阿联酋两大酋长国——阿布扎比和迪拜共同投资 400 亿美元建设海水淡化工程。2021 年，阿联酋塔维勒海水淡化项目正式产出合格饮用水，该项目采用世界目前最先进的反渗透淡化技术，日产水量 90 万 t，全部投产后 15 天产水量就能灌满整个西湖，是全球目前最大的反渗透式海水淡化项目。

3. 科威特

科威特位于西亚地区阿拉伯半岛东北部、波斯湾西北部，首都科威特城与该国同名。科威特全境荒漠广布，全年平均雨量为 1～37mm，因此水资源对于科威特来说是一种非常稀少又昂贵的重要商品。1925—1950 年，科威特一直由伊拉克供水；1950 年，科威特在艾哈曼迪建造了第一个海水淡化厂，日产量为 1.02 万加仑（约合 38.61t）；在 1953 年和 1955 年，又分别建立海水淡化工厂，使科威特基本上摆脱了依靠别国输送水源；1975 年，科威特海水淡化已达每日 28 万 t，近年来也不断提高。

4. 日本

日本是位于东亚的岛屿国家。日本海水淡化起步较早，1973 年，日本通产省下设造水促进中心，专门研究节能的脱盐技术。日本海水淡化厂主要应用在工业用水（以发电厂和锅炉用水为主）及离岛地区生活用水。1968 年，日本建造了第一座民用海淡厂。至 2001 年，日本共有 369 座日产量 500t 以上的海水淡化厂，每日可供应 78 万 t 的淡化水。其中 347 座供应工业用水，占总厂数的 94%；供应民用水的仅 22 座，约占总厂数的 6%。在投资金额方面，工业用淡化厂总投资金额占总额的 77.8%。其中，福冈海中道奈多海水淡化中心是日本最大的海水淡化设施，日处理能力 5 万 m^3，供水人口 25 万。总投资 408 亿日元，其中 50% 来自国家补贴，另 50% 由包括福冈、宗像等 9 市 10 町的地方政府投资。2015 年开始正式供水，具体供水数量每个月与水道局协商。一般水收费 130～140 日元/m^3，海水淡化水 210 日元/m^3。每年的运营费用几亿日元，运营成本中 1/4 是电费，1/3 是渗透膜消耗。

5. 澳大利亚

澳大利亚位于南太平洋和印度洋之间，四面环海，是世界上唯一国土覆盖整个大陆的国家。澳大利亚年平均降水量约为465mm，水资源总量约3430亿 m^3 ，已开发利用的地表水和地下水水资源总量约为175亿 m^3 。澳大利亚水资源总量少、人均占有量多，水资源时空分布不均。澳大利亚大力发展海水淡化技术及产业。2007年初投入使用的珀斯海水淡化厂，是澳大利亚第一个大规模海水淡化装置，日最高产水量14.4万t，占珀斯市供水总量的17%。使用可再生能源风能作为能源，成为全球最大的使用清洁能源的海水淡化工厂。目前，海水淡化水占西澳大利亚州市政供水总量的1/3。澳大利亚的珀斯、阿德莱德、墨尔本、悉尼、黄金海岸和布里斯班等重要城市和地区，也都陆续建成了多座大型海水淡化设备。

三、雨水利用

（一）国内典型地区雨水利用方面的经验做法

为解决农民生活用水、发展抗旱补水灌溉和畜牧种植业，我国在干旱缺水山区大力建设水窖、水池和小塘坝等小微型雨水集蓄利用工程，到2000年底，全国共建成雨水集蓄利用工程560万处，蓄水容积18.3亿 m^3 ，解决了1532万人及966万头牲畜的饮水问题，发展抗旱保苗补水灌溉面积1830万亩，取得了显著的经济效益、社会效益和生态效益。一是解决了干旱缺水山区群众的基本生产和生活用水问题。甘肃省通过实施雨水集蓄利用工程，解决了大量人口、数万头牲畜的饮水困难；广西河池地区实施"水柜"集雨灌溉工程，山区农民由亩产玉米150kg发展到现在亩产玉米、水稻700~800kg。二是为农业产业结构调整和农民脱贫致富创造了有利条件。西南地区实施雨水集蓄工程，使许多地区做到了"池中养鱼，水面养鸭，池水灌溉，一水多用"，形成立体生态农业的开发模式；西北、华北地区利用集雨工程，在保证生活用水的基础上，发展庭院经济和种植蔬菜、水果、烟叶等经济作物，一些地区农民亩均纯收入大幅度增加。三是对改善生态环境发挥了重要作用。在水土流失严重的地区，集雨工程的实施，使农作物单产有了较大提高，由原来传统的广种薄收开始让位于精耕细作，部分地区实现了退耕还林、还草，改善了生态环境。

1. 农业农村雨水利用

甘肃秦安县。为了解决干旱缺水对秦安县农村经济社会发展的制约，变被动抗旱为主动抗旱。秦安县根据实际于 1995 年启动实施了雨水集流工程，实现以雨水治干旱，逐步走向主动抗旱，发展"两高一优"农业，在满足一部分群众人畜饮水需要的同时，利用富余水进行农田与果园补灌，解决干旱山区人民群众生产生活用水困难问题，取得显著效益。至 2009 年底，全县共建人畜饮水水窖 43731 眼，集雨节灌水窖 53642 眼，解决了 21.73 万人、3.49 万头牲畜饮水困难，补灌面积 16.1 万亩，为农村经济社会发展奠定了坚实的基础。

广西凤山县。凤山县雨水集蓄利用的方式主要采用修建水柜的方式。农业水柜是在地头或地势比农田高的山脚，用石头和水泥砂浆砌成能够蓄水的圆柱形水池，容积可到 100m³，雨水集蓄用于农田灌溉和人畜饮用，一些农户尝试利用家庭水柜富余的水浇地，种植蔬菜和农作物。

福建省。福建的雨洪利用主要采取建设集雨场、蓄水池（包括沉沙池）节水灌溉配套措施。山地集蓄雨洪水工程主要有两种方式：一是传统的雨水集蓄利用工程，一般包括集流工程、蓄水工程两个部分，集流工程由集流面、汇流沟、输水渠和沉沙池组成，蓄水工程有水池和塘坝等多种形式，蓄水池有地面式、半埋式和全埋式三种。二是山地水利整体系统，一般包括集流工程、蓄水工程、灌溉系统和补充水源四个部分。福建省通过大力兴建山地水利蓄水池，拦截雨水，充分利用雨水集蓄工程技术，解决了部分山坡地经济作物的受旱问题，取得了一定的成效。

2. 城市建设雨水利用

上海市。上海市年降水总量平均为 1150mm，雨水资源比较丰富。然而，上海市降雨年内分配不均，全年 70%左右的降雨集中在 5—10 月的汛期，尤其是在梅雨季节和台风期间，短历时、高强度的暴雨，一方面给上海带来丰沛的降水，另一方面也给城市防洪带来巨大挑战。上海雨水资源利用效率和潜力都很显著，目前主要在政策引导、科学研究和示范工程方面加快推进。

政策引导方面，《上海郊区水利现代化发展纲要（2005—2020年）》《上海市居住小区雨水利用工程实施导则》《关于本市加强新建住宅节约用水管理的意见》等对推进雨水集蓄利用提出了要求；科学研究方面，上海市有关部门及相关高校和科研院所持续开展了降雨径流特征、初期雨水污染特性、城市绿地雨水调蓄效应等方面的基础理论研究，并探索实施了绿色农业园区、城市快速干道、屋面雨水、城市排水、海绵城市建设等领域的雨水集蓄利用技术；示范工程方面，浦东新区走在全市前列，主要包括远东大道、孙桥现代农业园区、浦东机场二号航站楼和世博园区等的雨水利用，另外万科朗润园等居住小区也有不同程度的雨水收集并用于景观水，天山公园等通过建设雨水管道或下凹式绿地开展雨水收集用于绿化或冲洗道路等。

安徽省合肥市。随着城市建设不断推进，城市土地表面日益"硬化"，降雨入渗量减少，城区生态成本不断提高。合理利用城市雨水资源不仅能缓解缺水矛盾，更能减少暴雨径流带来的危害，修复城市生态环境。合肥市在城市雨水资源利用方面进行积极探索实践。2021年，合肥围绕深化节水型城市建设，提高用水效率，积极开展各项工作，全年新增城市节水 1600 万 m^3。中国人民银行合肥中心支行机关办公区作为省级节水型试点单位，利用雨水管网建成 $80m^3$ 的地下雨水收集系统，并配套纯电动环保洒水车用于绿化，让雨水资源不再浪费，年可回收再利用雨水约 $2000m^3$。

（二）国外典型地区雨水利用方面的经验做法

1. 美国

美国从 20 世纪 80 年代初就开始研究用屋顶雨水集流系统解决家庭供水问题。1983—1993 年，美国国际开发署资助了一项面向全球的雨水收集系统计划（RWCS），以后又建立了雨水收集信息中心（RWIC）和通讯网。美国的关岛、维尔京岛广泛利用雨水作为冲洗、洗衣和草地灌溉水源，但不用于盥洗。

目前，美国各州通过多种经济激励方式，包括补贴、税收抵免、政府拨款、绿色建筑证书计划等鼓励人们采用新的雨水集蓄利用方法。一些地方政府把雨水收集列入重要的环保项目，提供相应的政策支持和鼓励。得克萨斯州的奥斯丁和圣安东尼地方政府，减免了雨水收集利用设施的销售税和固定资产税，同时为安装雨水收集利用设施的家庭，提供最高可达 450 美元的费用支持。芝加哥在绿色屋顶计划中，对建筑屋顶上的建造绿化面积比例高于 50%或者面积大于 2000 平方英尺（约合 185.8m²）的开发商提供奖金。2006 年，芝加哥对 20 个小规模安装绿色屋顶的商用和民用建筑提供每户 5000 美元的政府拨款。居民还可以通过安装集雨桶、植树等方法获得直接的现金补贴。除上述常见的激励方式外，波特兰还通过雨水费的调整来提供激励，采用指定的绿色基础设施的用户可以在私人房产部分享有高达 35%的雨水费折扣。

2. 德国

德国是欧洲开展雨洪利用工程最好的国家之一。德国对城市雨水采用政府管制制度。1995 年，颁布了第一个欧洲标准"室外排水沟和排水管道"，提出通过收集系统尽可能地减少公共地区建筑物底层发生洪水的危险性。1997 年，颁布了另一个严格的法规，要求在合流制溢流池中，设置隔板、格栅或其他措施对污染物进行处理。德国还收取雨水排放费，对于雨水利用设立相应的经济激励措施。如德国在新建小区之前，无论是工业、商业还是居民小区，均要设计雨水利用设施，若无雨水利用设施，政府将征收雨水排放设施费和雨水排放费。

德国汉堡是最早（1988 年）颁布对建筑雨水利用系统的资助政策，在 1988 年以后的 7 年里，有 1500 多个私有住宅的雨水利用系统得到州政府的资助。1992 年，黑森州开始征收地下水税，并以此资助包括雨水利用在内的节水项目。1993 年，又颁布了新的建筑法规，给市政当局或地方团体以权利来强制性地推行雨水利用。接下来巴登州、萨尔州、不来梅、汉堡等都修改了涉及雨水利用的建筑法规。这被称为城市规划与建设的一个新纪元的开始。到 20 世纪 90 年代后期，又有一些州或市政府出台了对雨水利用的资助和鼓励政策。1996 年初，为了推广雨水利用、增强雨水入渗和"绿色屋顶"计划（将绿色植物覆盖于屋顶）等环保措施，波恩市改变了其公共废水系统的使用收费标准。住宅户如果自己铺设可渗水的车道及人行道、设置"绿色屋顶"减少降雨产流、开挖渗水区域（低地、壕沟、池塘）或安装雨水利用系统，可减少其水费，最多可达50%。

德国雨水利用根据利用设施的类型，存在四种模式。一是居民住宅利用模式。将屋顶雨水通过雨漏管进行收集处理，然后通过分散或集中式过滤除去污染物，再将过滤后的雨水引入蓄水池贮蓄，最后通过水泵输送至用水单元，一般多用于冲洗厕所或灌溉绿地等。二是城市居民小区利用模式。利用生态学、工程学、经济学原理，通过人工设计，依赖水生植物系统或土壤的自然净化作用，将雨水利用与景观设计相结合，一般包括屋顶花园、水景、渗透、中水回用等，一些小区开发出集太阳能、风能和雨水利用水景观于一体的花园式生态建筑。三是大面积商业开发区模式。开发商在进行开发区规划建设时，均将雨水利用作为重要内容考虑，结合开发区雨情水情，因地制宜，将雨水利用系统作为开发区建设的重要组成部分。对适宜建设绿地的屋顶全部建成绿色屋顶，利用绿地滞蓄雨水；对不宜建设绿地的屋顶，将屋顶雨水通过雨漏管并经过滤后引入地面蓄水池，构造水景观。四是道路雨水利用模式。道路雨水主要排入下水道或渗透补充地下水。城市街道雨水入口多设有截污挂篮，以拦截雨水径流携带的污染物；沿机动车道均建有径流收集系统，将所收集到的径流直接送至污水处理厂处理，高速公路所收集径流则要进入沿路修建的处理系统处理后才能排放。

德国城市雨水利用技术已逐步进入到标准化和产业化阶段。1989年，德国出台了雨水利用设施标准（DIN1989），对住宅区、商业区和工业部门雨水利用设施的设计、施工和运行管理，过滤、储存、控制与监测4个方面制定了相应的标准。1992年，德国出现了"第二代"雨水利用技术，又经过十余年的发展与完善，到21世纪初形成"第三代"雨水利用技术和标准，基本特征体现在设备的集成化，从屋顶雨水的收集、截污、储存、过滤、回用到控制都有一系列的定型产品和组装式成套设备，各项雨水资源化技术均达到了世界领先水平。从降雨径流收集技术来看，一般将来自不同区域的降雨径流分别收集，对来自屋顶的径流，不经处理或稍加处理即直接用于冲洗厕所、灌溉绿地或用于景观补水等；而对于来自机动车道等区域上的径流，则要处理达标后方可排放。从降雨径流传输与储存技术来看，德国传输径流主要有地下管道和地表明沟两种形式，其中地下管道不仅要考虑雨水传输，同时还要考虑储存雨水和减缓洪峰的功能；地表明沟则既考虑了雨水传输的功能，也考虑了对构造城市景观的作用，通常是将其模拟为蜿蜒曲折的天然河道；从降雨径流储存的技术形式看，家庭中一般采用预制混凝土或塑料蓄水池；居民区一般采用人工湖或构造水景观，或者通过绿地、花园或人工湿地增加雨水入渗。总之，德国将雨水的传输储存与城市景观建设与环境改善融为一体，既有效利用了雨水资源、减轻了污水处理厂对雨水处理的压力，又有效改善了城市景观。

3. 日本

日本是在城市中开展雨水利用历史悠久、规模较大的国家，所集蓄的雨水主要用于冲洗厕所、浇灌，也用于消防和发生灾害时应急使用。日本于 1963 年开始兴建滞洪和储蓄雨洪的蓄洪池，还将蓄洪池的雨水用作喷洒路面、灌溉绿地等城市杂用水。这些设施大多建在地下，以充分利用地下空间。而建在地上的也尽可能满足多种用途，如在调洪池内修建运动场，雨季用来蓄洪。1980 年，日本建设省开始推行雨水贮留渗透计划，有效地补充涵养地下水，泉水复涌，恢复河川基流，改善生态环境条件。1992 年，日本颁布了《第二代城市下水总体规划》，正式将雨水渗沟、渗塘及透水地面作为城市总体规划的组成部分，要求新建和改建的大型公共建筑群必须设置雨洪下渗设施。

各种雨水入渗设施在日本得到迅速发展，包括渗井、渗沟、渗池等，也有在屋顶修建蓄水系统或修建屋顶蓄水和渗井、渗沟相结合的回补系统，雨水在屋顶集蓄后，逐步放入渗井或渗沟，再回补地下。1995 年，在东京墨田区召开了以"雨水利用拯救地球——雨水和城市共存"为主题的雨水东京国际会议。在会议的推动下，成立了"东京雨水市民会"，此后，在全国陆续都成立了各地的雨水市民会。为进一步在民间普及雨水利用设施，1996 年 10 月开始建立"墨田区促进雨水利用补贴金制度"，对在区内设置利用雨水的储存装置的单位和居民（不包括国家单位、地方机关和其他公共团体）实行补贴，有效地推动了全区雨水利用工作的发展。截至 2019 年，在面积为 13.75km² 的墨田区，共有 670 处雨水利用设施，可蓄水 24396m³。

四、矿井水利用

（一）国内典型地区矿井水利用方面的经验做法

在矿山建设和矿产开采过程中，由地下涌水、地表渗透水、生产排水汇集所产生的废水，即矿井水。矿井水的开发利用既可以实现矿井水无害化的目标，减少煤矿生产对周边环境生态的影响，又可以满足煤矿周边产业的用水需求，提高矿井水资源的利用率，加强与周边企业的良好关系，创造更大的经济效益。

1. 湖南省

湖南省矿井水利用方式主要是处理后部分回用于工业广场、洗煤厂生产用水和防尘用水。湖南省积极推广矿井水利用工程建设，以湖南黑金时代牛马司矿业有限公司矿井水利用工程为例，矿区面积 36km²，主要进行煤炭开采和洗选，年采选能力 23 万 t，公司生产过程中需排放大量矿井水，因此，各矿井均建设了矿井水利用工程。各矿井井下建立沉淀池经自然沉淀后处理井下废水，处理能力为 5000m³/d，处理后经泵抽到地面沉淀池。各矿井地面负责处理从井下抽至地面以上的所有井下水，采用中和混凝沉淀处理，处理能力为 3000m³/d。处理后部分回用于工业广场、洗煤厂生产用水和防尘用水，实现了生产用水完全自给，取消了外部供水，废水回用率达到了 85%以上，极大减少了矿井水排放总量，每年节约水费近百万元。

2. 陕西省

陕西省榆林市煤、气、油、盐资源丰富，全市共有各类煤矿 269 处，已建成煤矿及在建煤矿全部投运之后总排水量达 25137.40 万 m³/d。矿井疏干水主要含大量悬浮物、溶解性固体及少量油，具有明显的区域性特征。悬浮物浓度为北部较高，南部较低。矿化度为北部较低，南部较高。经处理后可作为煤矿的生产用水，主要用于防尘洒水、灌浆用水、地面除尘洒水及洗煤用水等。

榆林市还编制了矿井疏干水回用规划，并由地方政府出资修建收集和处理管网，统一配置，水价一般按照新鲜水的80%定价，具有一定的市场竞争力。同时，在建设项目水资源论证审批时，优先配置有条件的项目使用，对区域水资源供给起到了补充作用。矿井水经处理后可就近用于水煤电一体化项目的火力发电生产用水和就近工业园区的工业用水，主要供附近工业园区的工业项目生产用水。已建和在建的30座煤矿，2022年底将实现煤矿疏干水零排放。

3. 贵州省

贵州省为推动煤矿矿井水治理和资源化利用，促进矿山生态文明建设，确定息烽县大宏煤矿、大方县小屯煤矿、贵州金沙龙凤煤业有限公司、普安县糯东煤矿、黔西县高山煤矿为首批省级煤矿矿井水综合利用试点示范工程，开展煤矿矿井水规模化集中利用。矿井水主要用于农业灌溉、电厂冷却用水，经深度净化处理后，可达到生活用水标准，供矿区居民生活用等。

息烽县大宏煤矿。项目总投资1629.53万元。根据矿区周边农业经济发展及布局，矿井水通过处理达到农业灌溉用水标准后，无偿为息烽县石硐镇扶贫项目猕猴桃园、脆李园、绿化苗圃和蔬菜园基地等提供灌溉用水，解决周边农业灌溉严重缺水问题。

大方县小屯煤矿。项目总投资1649万元。充分利用与火电厂毗邻的地理优势，针对大方电厂冷却用水水质标准，在矿井水处理过程中重点强化降低水质硬度，为大方县火电厂提供冷却用水，减少电厂取用新鲜水量，尽量节约水资源。

贵州金沙龙凤煤业有限公司。项目总投资1683.18万元。矿井水通过深度处理达到饮用水水质标准后，主要用于矿区生产、生活用水，富余水量无偿供应周边乡镇居民生活用水，有效解决矿区生活用水严重缺乏的问题。

普安县糯东煤矿和黔西县高山煤矿。糯东煤矿总投资509万元、高山煤矿总投资795.99万元。根据矿区远离取水水源的实际问题，通过对矿井水分级处理达标后，按需水水质要求分级用于矿区生产（瓦斯发电、洗煤、消防、车间加工等）、生活（不含饮用）等用水，富余水量用于人造景观、湿地生态园等用水，有效解决矿区不同水质需求和生态环境治理的问题。

4. 江苏省

江苏省在矿井废水综合生态治理方面已有可观的成果。据统计，1997 年，徐州矿务集团生产矿井涌水量为 6332.56 万 m^3，其中外排矿井水 5095.48 万 m^3，矿井水利用率为 20%，矿井水大量外排既污染了环境，又浪费了宝贵的水资源。1998 年，集团与徐州市共同投资建成了新河水厂，经处理后的矿井水可充分利用地面供水主干网，供市区居民做生活用水，日供水 4 万 m^3，缓解了供水紧张矛盾，且降低了矿区排水费用，改善了煤矿环境质量，为矿井水供市区民用提供了成功案例。

2017 年，徐州矿井废水综合生态治理示范技术推广项目在沛县孔庄、姚桥、三河尖煤矿和丰县李堂煤矿开展，形成高浓度悬浮物矿井废水高效处理及综合利用示范技术与工艺；提出了适用于徐州东部矿区太原组灰岩地下水运动的数值模拟评价技术，掌握了东部闭坑矿区地下水中铁、锰污染物分布特征，形成了闭坑矿井地下水除铁锰示范技术并推广应用；开展了新河煤矿闭坑矿井水对云龙湖生态补水示范工程应用与推广，形成了闭坑矿井水对地表水体生态补水示范技术，建成了新河煤矿矿井废水综合生态治理示范基地。矿井水处理后综合利用达到 5700 万 t/a，经济效益达到 3800 万元/a。

5. 新疆维吾尔自治区

新疆矿井水资源利用方式主要为工业用水、生态建设用水和生活用水等。工业用水主要用作煤炭生产、洗选加工、焦化厂、电厂、煤化工。生态建设用水主要用作矿区绿化、降尘。生活用水主要是在缺水矿区，矿井水经深度净化处理后，达到生活用水标准，供矿区居民生活用，如饮用、洗浴、冲厕等。部分矿区进一步研发利用矿井水源热泵技术，为煤矿企业供暖、供冷、供热。

（二）国外典型地区矿井水利用方面的经验做法

国外如美国、英国、德国、俄罗斯等对矿井水的处理技术和利用研究较早，处理效果显著，矿井水综合利用率均达 90% 以上。国外矿井水处理技术除了常规的混凝、沉淀和过滤等工艺以外，还采用了反渗透、纳滤等先进的膜处理技术，以及人工湿地、可渗透反应墙、缺氧石灰沟等低成本、低能耗的被动处理技术。矿井水应用方向主要包括工业用水、生活饮用水、农田灌溉、环境用水、矿井水回注、达标外排以及蓄热和蓄能发电等方式。国外对于矿井水处理的理念较为先进，把矿井水处理利用作为环境保护工作的重点，重视矿井水回注技术，提倡利用湿地法等被动处理技术，不仅成本低，还能改善矿区环境，且认为矿井水排放越多，水资源越充足盈利越多，经济效益越大。

1. 德国

地下水具有热能利用的潜力，采矿活动大大提高了从井下抽取地下水并利用其所含热能的潜力。欧洲开展了大量的研究和商业活动，对废弃矿井的矿井水低温资源进行开发利用。德国埃森市的 Zollverein 矿的矿井水水温 27℃，被用来给 5000m^2 的建筑供热。国外发达国家由于资源枯竭，遗留了大量废弃矿井，而废弃矿井拥有地下巷道等优质地下空间可供改造利用。

另外，近年来针对利用废弃矿井地下空间，并结合废弃矿井的矿井水资源来建设抽水蓄能发电站的研究逐年增多。2018 年以来，德国的杜伊斯堡-埃森大学与鲁尔集团（Ruhr Group）合作，将位于德国北莱茵-威斯特法伦州的 Prosper-Haniel 煤矿改建成 200MW 抽水蓄能电站。该矿地下约 25km 的巷道被改造成用来蓄能发电的水库，储存的矿井水量超过 100 万 m^3。

2. 加拿大

从 20 世纪初到 70 年代中期，加拿大不列颠列尼亚矿山一直在进行开采，其全盛时期，是不列颠帝国公司（British Empire）最大的铜矿山。根据不列颠哥伦比亚省的要求，该矿山于 1974 年关闭。关闭后每年约有 500 万 m^3 未经任何处理的矿山废水经过该矿流入太平洋中的豪海峡（Howe Sound）附近。废水 pH 值约 3.5，含 25mg/L 铜、25mg/L 锌和 0.1mg/L 镉。在现代化的处理系统安装之前，随废水流入豪海峡的铜和锌平均每天各为 300kg，已经成为北美洲最大的污染源之一。不列颠哥伦比亚省把上述污染问题的补救工作一开始就聚焦在废水处理问题上。大部分矿山废水都是通过矿体最高处的露天坑进入的，露天坑和伴随的大洞穴与简巴辛（Jane Basin）地区内的地下作业线连通。通过安装三套地面水分流装置，以减少进入矿山的水流量。这套地面水分流系统包括集水构件、渠道和管道。当满负荷工作时，这套系统预计能分流走矿山废水的 10%～15%。为进一步保护豪海峡的水质，要采取措施，对受残留物和大量不能进入矿山的地表及地下废物污染的地下水进行处理，然后才能流入豪海峡。这就意味着，在海岸线附近要挖 7 口抽水井，这 7 口抽水井要精心设计布局。把从抽水井中抽出来的废水打入矿山废水处理厂进行处理，如此，才能作为已处理水排入豪海峡。

3. 美国

矿井水回用主要用于矿物洗选、场地降尘、钻探等活动，美国各个矿区以酸性矿井水居多，其治理也是美国研究的焦点，处理方法主要有物理法、化学法和生物法等几类。常用主动方法是通过曝气和添加 $Ca(OH)_2$ 或 $CaCO_3$ 中和酸性矿井水，同时使水中的重金属离子和 SO_4^{2-} 形成沉淀从而得到去除。

利用矿井水作为火电厂的冷却用水的研究也越来越多。例如，美国西弗吉尼亚大学的国家矿山复垦中心（NMRC），利用阿巴拉契亚盆地 1 万多个地下废弃矿井中的水资源来为该地区的热电厂供水。

废水回注地下的做法在美国、欧洲有很长的研究和应用历史，在采矿业也得到广泛利用。当面临严格的环境法规限制，特别是在环境敏感地区，矿井水无法外排处置时，回注是较为理想的可选方案，可有效补充了地下水资源量。矿井水注入时无需达到很好的水质，因为地下岩层具有天然的过滤作用，可以将注入的矿井水自然净化。

4. 南非

Witbank 是南非最大的煤炭矿区，位于南非东北部。矿区内矿井众多，其中一些矿已经进入资源枯竭期。英美资源集团（Anglo American）动力煤公司在该矿区的矿井水资源量约为 1.4 亿 m^3。Witbank 矿区位于缺水地区，随着人口增长，Emalahleni 市用水需求预计到 2030 年增加到每天 180 万 m³。2007 年，英美资源集团动力煤公司与必和必拓公司（BHP）合作建设了 Emalahleni 水处理厂，用来处理 4 个煤矿的矿井水。该处理厂每天处理约 3 万 m³ 矿井水，除部分用于煤炭生产外，大部分输送给 Emalahleni 市作为生活用水，供水量约占 Emalahleni 市每天用水需求的 12%。到 2011 年底，共计处理了 0.3 亿 m³ 矿井水，其中 0.22 亿 m³ 供给 Emalahleni 市作为生活用水。2013 年，处理厂二期扩建完成，处理能力提高到 5 万 m³/d。

5. 澳大利亚

Wilpinjong 露天煤矿位于澳大利亚新南威尔士州中部，主产动力煤，每年产量可达 1600 万 t。该矿矿井水处理设施于 2012 年 6 月竣工，根据新南威尔士州环境保护局颁发的环境保护许可，被批准排放处理后的矿井水。2017 年 1 月，该矿的环境保护许可变更，将外排水量限值从 5000m³/d 提高到 15000m³/d，2017 年该矿共排放矿井水约 185 万 m³，未超出 1.5 万 m³/d 的许可，水质也满足排放要求。除了外排外，该矿矿井水还回用于道路降尘浇洒、洗选等。Wilpinjong 矿按照环保要求编制了详细的水资源管理计划，包括地表水和地下水的监测计划等。该矿对矿井水的管理重点包括以下几点：一是分类收集和利用扰动区的地表径流清水。二是控制地下水和降雨径流进入作业区，避免受到污染。三是根据新南威尔士州环境与遗产办公室编制的《处理污水利用环境指南》对污水进行管理。四是根据环境保护许可，排放处理达标的矿井水。

五、微咸水利用

（一）国内典型地区微咸水利用方面的经验做法

我国宁夏、河北、内蒙古、甘肃、河南、山东、辽宁、新疆等省（自治区）都有利用不同程度微咸水或咸水进行农田灌溉并获得高产的经验，但是我国目前对微咸水的利用还处于探索研究阶段，有一些研究成果并没有普遍地推广利用。通过对上述地区的微咸水灌溉研究发现，由于土壤盐渍化程度的不同，用不同水质的微咸水对农田进行灌溉时，生产实践中可以根据灌溉所用微咸水矿化度的不同来决定微咸水利用的方式。

1. 河北省

河北省水资源匮乏，早在 20 世纪 60 年代就开始研究微咸水的利用，现如今浅层微咸水和深层淡水混合灌溉技术成为黑龙港地区一项主要的节水措施。沧州市已建成咸淡水混浇配套井 3300 多处，可灌溉面积达 110 多万亩，年可节约深层地下淡水 6000 多万 m^3。据统计，2020 年河北省微咸水供应量为 0.55 亿 m^3。2015 年以来，河北省将结合地下水超采综合治理，在地表水灌溉区域，根据微咸水分布情况，实施微咸水与地表水轮流灌溉或混合灌溉，增加微咸水利用量，抽咸补淡，改善浅层水水质，避免土壤次生盐碱化。

2. 山东省

山东省微咸水的利用方式主要为农田灌溉，在现有深井（淡水井）旁，打一眼浅机井（咸水井），利用管道一体化技术，将淡水和咸水通过一个混合罐，按一定比例混合后，进行农田灌溉。山东省滨州、东营一带，有可开发的低洼盐碱地 1000 多万亩，这些盐碱地一般不适宜农作物的生长，甚至是不毛之地。当地群众经过长期的生产实践，创造了一套"挖塘以渔改碱，抬田以田治洼，上粮下渔"综合开发低洼盐碱地的成功模式，积累了丰富的实践经验，通过改造，台面上可以种植粮、棉、油菜，池塘可以养鱼。

3. 宁夏

宁夏微咸水有两种利用途径：一种是经设备处理后用于农村饮水，另外一种是直接灌溉或掺淡（掺入淡水）灌溉。1958 年，石峡口水库完工后，即用该水库微咸水进行灌溉。据宁夏水科所资料，1974 年，高崖乡用微咸水灌溉大麦 7000 亩、小麦 6000 亩。宁夏引黄灌区的宁夏石嘴山市惠农区燕子墩乡西永固村进行典型的抽水井（矿化度为 3g/L）和典型的地块进行微咸水灌溉试验，得出了适合宁夏引黄灌区在现有的灌溉方式下的微咸水灌溉制度。

（二）国外典型地区微咸水利用方面的经验做法

以色列、美国、日本、意大利、奥地利以及中亚地区、阿拉伯地区等很多国家利用微咸水，已有较长的时间，栽培作物范围涉及也比较广，其利用技术也日臻完善，而其利用微咸水灌溉的关键是选择合适的灌溉方式。

以色列地处中东，是一个严重缺水的国家，微咸水作为以色列法律规定的水资源，得到了广泛应用。以色列的微咸水主要在咸淡水化石含水层中，矿化度在 0.5~30g/L 之间，其比重介于 1.005~1.010 之间。在 Ramat Hanegev 地区，咸淡水灌溉是这个干旱地区农业的重要组成部分，一种是直接灌溉那些可以在微咸水中茁壮成长的作物，例如橄榄树林，这种橄榄树比较喜欢咸淡水。另一种是稀释淡化水，通过将至少 15% 的微咸水与淡化水混合，微咸水中含有硫、镁和钙等必需的矿物质，这些矿物质对蔬菜水果的生长至关重要，新创造的微咸水非常适合种植各种作物。

美国利用微咸水已有很长的历史，主要集中在西南部缺水地区，以棉花、甜菜、苜蓿等采用微咸水或半咸水（1.5~5g/L）灌溉为主。在美国得克萨斯州西部的佩科斯河流域，年平均降雨量不超过 300mm，地下水平均矿化度为 2.5g/L，最高达 6g/L，石灰质土壤，有机质含量低，主要土壤质地从粉质黏土跨度到粉质壤土。在这种气候和土壤条件下，只要采用合适的种植方式和管理方式，就可以利用微咸水进行灌溉种植。在美国亚利桑那州，东南沙漠区平均降水不足 80mm，其他地区的年降雨量大约为 250mm，降雨是季节性的，冬天为暴雨，夏天为雷阵雨或季风活动带来的降雨。在这个炎热、干旱的地区，棉花的咸水灌溉已经取得成功，其主要经验就是采取隔沟灌溉方式，同时对盐分敏感的苗期进行淡水灌溉，苗期过后再利用微咸水进行灌溉。

埃及是一个极端干旱的国家，其土壤为砂土和黏土质地，种植农作物有小麦、水稻、甜菜和棉花。农田灌溉是利用回收改良盐碱土壤的排水，从 20 世纪 80 年代开始利用微咸水进行土壤灌溉。

突尼斯缺乏矿化度小于 1g/L 的淡水，并且大多数地区为渗透性的重黏土土壤，在作物生长期，土壤严重板结和开裂，冬季雨水仅能少量压盐，在这种不利条件下，微咸水利用获得成功；在排水设施良好的盐碱地上，用矿化度为 2~5g/L 的微咸水灌溉海枣、高粱、大麦、苜蓿、黑麦草等,均能正常生长。当干旱、降水量不足时,在砂土和砾石土层上使用海水直接进行灌溉,已在12种经济作物、树木和园艺作物获得成功。

此外,日本在一些农业灌溉用水比较紧缺的地区利用含盐量为0.7%~2.0%的微咸水对农田进行灌溉,取得了成功。澳大利亚利用矿化度大于3.5g/L的微咸水灌溉苹果树及短期灌溉葡萄均获得满意效果。西班牙将微咸水灌溉技术广泛地应用在干旱半干旱农业地区,在大部分地区设有微咸水灌溉驿站,专门试验和研究微咸水灌溉的技术。阿尔及利亚、摩洛哥、巴基斯坦、德国和瑞典等也都有咸水灌溉成功的经验。

第二节　典型经验做法

一、培育非常规水源利用推进组织体系

从我国非常规水源利用的发展历程看,走过了地方先行探索试点经验、国家层面适时总结提升、完善政策规范,推动非常规水源利用事业发展的道路。

在国家层面,各相关部委在多年实践中,一直在探索和推动完善再生水利用、海水淡化利用等方面的规范和技术标准;在此基础上,水利部于2017年适时出台了《非常规水源纳入水资源统一配置的指导意见》,对非常规水源利用的统筹规划、管理问题做出了系统规定。

各地方结合自身实际,探索完善非常规水源利用组织机制,加强监督管理,探索特色模式。地方的自主实践,尊重了地方自发的制度创新,适应我国各地区水资源条件和非常规水源利用市场环境的广泛差异性,探索了不同的发展模式,有助于建立因地制宜的非常规水源利用推进体系。

二、构建法律制度和技术标准体系

非常规水源开发利用管理涉及健康、卫生、环境、水资源、土地

利用等诸多方面，法律体系是多元的。各地在推动实施过程中，探索通过制订出台本地非常规水源利用的制度规范，实现非常规水源利用稳步发展。比如北京市于1987年就颁布实施了《北京市中水设施建设管理试行办法》，该文件也是全国首部中水利用的政府规章，后北京市又出台《北京市排水和再生水管理办法》。天津市于2007年颁布《天津市住宅及公建非常规水源供水系统建设管理规定》，规定"凡城市中水供水范围内的新建住宅，规划面积5万㎡以上的，建筑面积超过2万㎡的公寓、高层住宅，规划人口在1万人以上的住宅小区，同步设计中水冲厕系统"。同时，天津市为加强淡化海水进入市政管网的管理，制定了《海水淡化水进入城市供水管网管理暂行规定》，对进入市政管网的淡化水，从水质、水量、监管等方面做出了详细规定。昆明市为规范再生水和雨水利用，制定了《昆明市城市雨水收集利用的规定》《昆明市再生水管理办法》。

从国外看，美国的联邦、各州和地方法律共同构成再生水利用的法律体系，联邦法律基本限于健康、卫生、环境等方面，各州和地方法律则反映各地区的水资源条件和利用目标。再生水利用项目供需各方之间通过法律明确权利义务关系，确保再生水利用项目使用者付费、维持项目成本效率和持续性。美国的相关规定覆盖了再生水供应商、批发商、零售商和用户，涉及费率和固定收费、折扣、服务条款和其他特定使用情况的协议。各种用途再生水利用的水质标准和技术要求是推广再生水利用的基础条件。在美国，此类标准由专门的再生水法规规定或者由健康和环境法律规定。各种用途水质、处理工艺、管网建设等技术标准，以及对水处理、水分配、用水设备和环境、健康问题的监管程序，规定都非常详细。例如，对于管网系统中再生水和饮用水管网的交叉，美国有关法律要求在严格标记的前提下，每4年进行一次细致检查，以确保不会发生再生水与饮用水混合。补给地下水的再生水利用项目，均要求通过监测井等方式防范污染地下水水质。卫生部门也对污水再生利用的水质标准、规程和其他相关法律的适用进行监管。

三、制定非常规水源利用扶持政策

为了发展非常规水源利用事业，多方面的非常规水源扶持政策支持对于扩大非常规水源利用市场，为非常规水源利用项目提供明确的市场预期是至关重要的。主要包括强化非常规水源利用的用途安全管制，实行特殊的水权政策，探索非常规水源利用的优惠政策和经济扶持。

非常规水源利用事业实现大发展，必须有巨大投入。从目前情况来看，一些地区的非常规水源生产能力没有完全发挥出来，这一方面是因为缺少用户，另一方面是因为受到投入不足的影响，配套管网建设严重滞后。为了提高非常规水源的利用率，很多典型地区加大了对非常规水源利用管网配套设施建设的力度，如西安市将第一污水处理厂、第三污水处理厂再生水生产系统合并组建中水有限公司，投资约4070万元，建成总长度约48.1km的再生水利用管网。在市场化水平有限的情况下，短期内非常规水源利用事业发展以政府投入为主，并以政府资金规范和引导非常规水源利用项目，补足融资和盈利缺口，以此撬动市场资金投入，并推动非常规水源利用事业向市场化、产业化发展。

出台相应补贴政策、利用"价格杠杆"等推进非常规水源综合利用。根据各地经验，非常规水源赢得一定市场，其价格应控制在相应行业的自来水价格的1/3以内，从这个意义上讲，非常规水源生产企业难以盈利。因此，对开发利用非常规水源的企业，地方政府会出台一定的补贴政策。此外，为加大非常规水源利用，相关城市还加强对大工业企业用水情况的协调，出台有关企业使用不同水资源的差异化政策，鼓励和引导企业使用非常规水源，培育和开拓非常规水源利用市场。

四、重视非常规水源利用商业模式创新

目前国外在探索非常规水源利用商业模式方面已积攒了丰富的经验。以美国为例，其涉及各种基金、项目和计划、债券、税收以及收费等，种类繁多、层次复杂。

（1）建立多类型融资渠道，适应不同类型项目需求。再生水利用项目可以争取的融资渠道包括各种基金和长期低息贷款、发行债券

（以物业税或营业收入或政府税收担保）、拨款（不需偿还）、税收、捐赠等，可以取得的运营收入项目包括使用费、用户接入费等。根据非常规水源利用项目的不同类型和不同程度的公益性，可以同时获取各种类型资金，以满足建设和运营的资金需求。

（2）建设和运营环节分别适用不同的融资策略。联邦、州和地方多个部门设立财政基金，并撬动社会资本，用于非常规水源项目建设；而设施运行维护和更新费用则主要依赖使用费、物业税、用户付费、公共设施税收返还、特种税、增容费等渠道。这使得非常规水源利用项目在得到必要建设资金支持的同时，还可以通过努力改善经营而获得充足的运营收入。

（3）支持性政策使非常规水源利用项目融资享受诸多优惠。再生水列入公用事业的范畴，给予政策倾斜。一是各部门根据特定法案或政策而建立某些融资支持计划或项目，对规划、建设提供大量拨款和低于市场利率（甚至零利率）的长期贷款（一般为 20 年）。二是通过规范再生水用户收费、返还税收等保障再生水项目获取充足的运营收入。三是以具体融资标准规范引导和筛选再生水利用项目，支持符合政策需求的项目。

（4）严格规定资金获取程序和要求。不同融资渠道彼此不能混同；对于特定融资渠道用于再生水利用项目的融资份额一般也规定上限（如垦务局相关支持计划允许的联邦资金占建设资金比例上限为25%）。对于基金的资金回收和持续运行实行谨慎的管理，对于各类融资模式适用于再生水利用项目的条件、申请程序等都有严格的法律规定。

五、出台非常规水源利用的强制性措施

一些城市严重缺水，但再生水等非常规水源使用仍停留在理念阶段。出台强制性措施，对扩大非常规水源的利用具有重要意义。如北京拟强制部分企业使用再生水，研究出台相关规定，以强制性条款规定推进重点行业企业使用再生水。重点行业的企业，具备再生水利用条件的，应当将再生水用量纳入用水指标。无正当理由未使用再生水，逾期不改正的，市水行政主管部门将核减其用水指标。又如美国工业、农业和城市用水的诸多项目（电厂冷却水、"限制用水"地区的非饮用水、有再生水供水地区的高尔夫球场灌溉等）都受到限制而只能使用再生水；甚至规定在有再生水供应的地区不允许使用其他类型的非饮用水（如海水淡化水）。

此外，为保障水质安全，强制使用非常规水源的场合，必须对用途设置必要的限制，严格限制再生水等用于接触性环境用水、不利水文地质条件下补给地下水等。

六、开展广泛宣传和引导

公众对非常规水源的水质存在疑虑，这是客观存在的，也是可以理解的。因此，开展充分的社会宣传，以澄清民众误解，消除非常规水源利用面临的社会阻力，对促进非常规水源利用十分必要。通过不断普及相关知识，使得越来越多的公众在支持管网建设、安全使用并缴纳费用等方面更加积极。从长远的角度看，不仅是在促进利用方面，在法律制定、规划制度设计和融资方面，都必须特别注重引入必要的社会参与；非常规水源利用市场的扩展和事业的健康发展，必定是以公众的普遍认同和充分参与作为基础。

第八章

非常规水源开发利用技术

随着科学技术的进步，越来越多的新技术、新工艺、新方法被应用在再生水、海水、雨水、矿井水和微咸水等非常规水源的开发利用上，非常规水源开发利用量逐步上升，可在一定程度上替代常规水源。

第一节　再生水开发利用技术

目前，再生水开发利用技术已较为成熟，可将污水处理到生产生活所需的各种水质标准。再生水水质通过反渗透处理可以达到或者超过自来水水质标准，通过滤料过滤处理可以满足生活杂用水和一般工业冷却水等用水要求，通过微滤膜处理可满足景观水体用水要求。

一、再生水处理技术

再生水处理包括预处理、主处理和后处理三个部分。预处理通过格栅和调节池，主要去除污水中的固体杂质，达到均质效果。主处理通过混凝、沉淀、气浮、活性污泥曝气、生物膜法处理、过滤、生物活性炭、土地处理等，主要去除污水中的溶解性有机物。后处理通过膜滤、活性炭、消毒等对再生水做深度处理。目前应用较多的再生水处理技术包括生物处理技术、物理化学处理技术、膜处理技术。

1. 生物处理技术

生物处理技术利用微生物吸附、氧化分解去除污水中的有机物，主要有活性污泥法、接触氧化法、生物转盘等处理方法，具有去除有机物效果好、处理效果稳定、剩余污泥产量低、抗冲击负荷高等优点。

2. 物理化学处理技术

物理化学处理技术通过混凝、沉淀、活性炭吸附，处理优质杂排水，与传统的二级处理相比，提高了出水水质，但运行费用相对较高。

3. 膜处理技术

膜处理技术利用超滤或反渗透膜的选择性分离实现再生水不同组分的分离、纯化、浓缩，SS 去除率高，出水水质和感官指标均优于传统的再生水处理工艺，占地面积相对较少，但是膜组件及膜处理费用较高，需要在技术和经济方面进行平衡考量。

不同水源的再生水处理流程有所不同：

（1）以优质杂排水为原水时，主要去除原水中的悬浮物和少量有机物，其流程为：原水→格栅→调节池→物化处理→消毒→再生水。

（2）以生活污水为原水时，需同时去除水中的悬浮物和有机物，其流程为：原水→格栅→调节池→生物处理→沉淀→过滤→消毒→再生水。

（3）以污水处理厂二级处理出水为原水时，需进一步进行深度处理，其流程为：二级处理厂出水→调节池→混凝→沉淀→过滤→消毒→再生水。

二、再生水消毒技术

再生水消毒技术主要包括安全消毒技术、氮磷深度去除技术、有毒有害物质控制技术等，主要去除再生水中的病原微生物、氮磷、微量有毒有害化学物质等。

1. 安全消毒技术

常用的消毒方法主要包括氯消毒、紫外线消毒等。氯消毒对隐孢子虫和贾第鞭毛虫的灭活效果较差；紫外线消毒可有效灭活隐孢子虫和贾第鞭毛虫，但是以上细菌在光照或黑暗条件下可以修复紫外线造成的损伤，重新获得活性，从而引起二次健康风险。紫外线和氯组合消毒，过氧乙酸和紫外线组合消毒、高剂量紫外线消毒可有效抑制致病菌紫外线消毒后的复活。

2. 氮磷深度去除技术

城市污水经二级生物处理后仍含有较高浓度的氮、磷等营养物质。目前，微藻深度脱氮除磷技术可高效去除硝酸盐、氮等营养物质，且具有无需投加外部碳源、可固定 CO_2、能源充足、含有丰富溶解氧等优点。此外，反硝化生物滤池。添加乙酸钠、甲醇等作为电子供体，已逐步应用于深度脱氮。

3. 有毒有害物质控制技术

再生水中的有毒物质组成十分复杂，不同的有毒物质去除技术都有其优势和局限性，现有的再生水处理技术主要采用过滤、吸附、化学氧化、生物降解等手段，对 COD、SS、色度等常规污染指标进行控制。仅靠单一技术难以高效去除再生水中的所有有毒有害物质，需要综合采用各种技术对有毒有害物质进行消除，以有效保障再生水水质安全。

第二节　海水开发利用技术

我国海水淡化技术近年来得到了较大发展，已建和在建海水淡化厂主要分布在沿海城市、海岛和沿海电厂，淡化后的海水主要作为饮用水、电厂自用水等。目前，我国在河北、浙江建成了具有自主知识产权的万吨级海水淡化工程，但是与国际前沿相比，我国海水淡化技术基础研究还相对薄弱，整体技术水平有待进一步提升。

一、海水淡化的主流技术

多级闪蒸法（MSF）、低温多效蒸馏法（LT－MED）和反渗透膜法（RO）是国际上已商业化应用的主流海水淡化技术，在选用时可根据规模大小、能源费用、海水水质、气候条件和技术与安全性等实际条件而定。我国已掌握低温多效蒸馏法和反渗透膜法海水淡化技术，相关技术已达到或接近国际先进水平。

1. 多级闪蒸法（MSF）

多级闪蒸法一般与火力电站联合运用，以汽轮机低压抽汽作为热源，将海水闪蒸汽化冷凝后得到淡水。多级闪蒸法具有传热管内无相变、单机容量大、产品水质好等特点。与此同时，该法存在操作温度高，设备腐蚀和结垢速度快等缺点，需要加入大量的化学试剂和采用较贵的耐腐蚀材料，动力消耗较大。目前，在全球海水淡化工厂中，MSF 法单机产量最大，运行安全性高，技术最为成熟，适用于大型和超大型海水淡化装置。

2. 低温多效蒸馏法（LT－MED）

低温多效蒸馏淡化技术将一系列的水平管喷淋降膜蒸发器或垂直管喷淋降膜蒸发器串联起来分成若干组，输入用一定量的蒸汽，海水通过喷淋多次蒸发和冷凝，得到多倍于加热蒸汽量的蒸馏水。低温多效蒸馏淡化技术是传统蒸馏法的改进，相较于多级闪蒸法120～125℃的进水温度，本项技术海水最高蒸发温度小于70℃，可以有效降低蒸发器的结垢和腐蚀，具有饱和态、流阻低、温差小等特点，是蒸馏法中较为节能的方法之一，近年来发展迅速，装置的规模日益扩大，成本日益降低。

3. 反渗透膜法（RO）

RO 法又称超过滤法，对海水施加大于海水渗透压的外压，使海水中的淡水通过半透膜，达到盐分与淡水分离效果。RO 法能耗仅为电渗析法的1/2，蒸馏法的1/40，具有投资相对较少、建设周期短、占地面积小、操作简单、无需加热、无相变、适应性强、应用范围广和启动运行快等特点，近年来在海水淡化产业中占据主导地位。RO 法对于海水进水水质要求较高，需要对海水进行预处理。此外，RO 法易产生膜污染，需定期对膜进行清洗。

二、我国的海水淡化利用模式

目前，我国海水淡化利用模式主要包括海水淡化远距离输送利用模式、工业企业海水淡化联产联用模式、海岛海水淡化利用模式。不同模式由于其内涵和经济技术条件要求的不同，具有不同的特征和布局范围。

1. 海水淡化远距离输送利用模式

海水淡化远距离输送是海水淡化用于居民饮用的一种重要方式。根据输送距离可分为市内、跨市、跨省输送，跨市和跨省输送统称为远距离输送。该模式主要用于居民饮用，以管道输送为主，适应较强，稳定性较好，环境影响较小，输水成本占总体成本比重较大，能有效解决沿海缺水问题，具有较好的发展前景。选择地质地貌条件较好，输水路径较短，扬水成本较低的输水路线可大幅降低输水成本。

2. 工业企业海水淡化联产联用模式

我国鼓励新建火电、化工等高耗水企业建设配套海水淡化工程，鼓励高耗水企业使用淡化海水。工业企业海水淡化联产联用是指建立并连接多个较大规模的海水淡化工程，同时连接多个工业企业输水管道，有效流转海水淡化工程的多余产能，同时满足工业企业用水需求。该模式主要用于高耗水工业企业，具有较好的产业政策条件，具有较明显的效益。

3. 海岛海水淡化利用模式

海岛淡水资源较少，很多海岛雨水是唯一淡水来源。海岛海水淡化主要用于军民饮用，海水淡化工程一般规模较小，通常采用反渗透法技术，淡化后的水质高于直接饮用雨水，人口数量达到一定规模或具有重要战略意义的海岛，都可以建设海水淡化工程。

第三节　雨水开发利用技术

雨水开发利用主要通过各种人工或自然水体、池塘、湿地或低洼地对雨水径流实施调蓄、净化和利用，包括收集、调蓄雨水和净化后的雨水直接利用。雨水开发利用不仅能够缓解城市遭遇大雨时雨水收集和排放压力，还能削减洪峰量。我国雨水利用技术研究和应用始于

20 世纪 90 年代末，近 20 年发展较快，许多大中城市的雨水利用技术和水平已经展现出良好的发展势头。北京走在全国的前列，在全国较早启动了"城区雨洪控制与利用示范工程"，如奥运会场馆的雨水利用工程等。根据雨水利用方式的不同，可分为以下 3 个主要利用类型。

一、雨水直接利用技术

雨水直接利用技术指利用屋面、道路、广场、停车场等不透水区域作为集水面收集雨水，根据雨水用途要求，经混凝、沉淀、消毒等多种处理工艺或工艺组合进行不同程度处理后，用于绿化、冲厕、消防和景观等非饮用水的补充水源。其中，屋顶集流面是不透水屋面，通过集雨槽和落雨管传输雨水，通过水箱储存雨水，在水箱内部进行沉降、浮选、病原体消除等处理过程后通过分水管线和水龙头分配处理后的雨水，主要用作非饮用水，包括冲厕、清洗、灌溉等日常用水。每个屋顶集雨区域的排水路径都应单独设置，不能与其他管道共用，以方便集水管的清理维修。

二、雨水间接利用技术

雨水间接利用技术主要利用铺装路面、渗透井、绿地、湿地等人工或自然渗透面，结合物理过滤和生物净化去除雨水携带的污染物，延长雨水径流时间，减缓径流流速，回灌补充地下水，改善地下水超采和地面下陷的现象。常用的渗透设施有绿地、渗透地面、渗透管沟和渠、渗透池、渗井等，可根据雨水利用目标，采用一种或多种渗透设施，增加雨水积蓄利用效率。

（一）结合铺地的雨水利用

城市铺装面积较大且雨水集中较快，使得铺地成为主要的雨水汇集面，当雨水径流流过铺地时，容易与铺地上的灰尘等污染物结合，产生径流污染。

透水铺地是指雨水可以透过铺装直接渗入地下，补给地下水的人工铺筑的地面，可以减少地表径流量，延长地面集流时间，其成本一般比传统不透水铺地成本高10%左右。但是利用渗透铺地可以缩短雨水管道长度、缩减管径，总投资反而可以比不透水铺地减少10%以上，同时生态环境效益和社会效益显著。所以城市在经济条件允许的情况下，可以尽可能多的安装透水铺地，增加雨水利用率。

（二）结合绿地的雨水利用

绿地具有良好的积蓄净化、下渗雨水效果，利用绿地储存雨水不仅可以增加地下水的入渗补给，而且能够节约水资源，缓解城市用水供需矛盾。

1. 下凹式绿地

低凹地段通常在降雨时会汇集大量的雨水，在低凹地段或者人工开挖的低凹地段建设绿地，将周边道路或者广场上的雨水引流汇集至绿地内，不仅可以蓄集下渗雨水、削减洪峰流量，而且通过绿地植被吸附过滤杂质，可以减轻地表径流污染。下凹式绿地低于周围路面0.1~0.2m时，其雨水入渗量是高于或平于路面的入渗量的3~4倍。不是下凹式的绿地，可在绿地周围砌筑堤坝以达到下凹式绿地的部分雨水积蓄利用效果。

2. 雨水花园

雨水花园是利用园林绿地的低洼区域种植耐湿耐旱，可以过滤杂质、吸附有害物质的植物，通过滞留雨水降低暴雨发生期地表径流洪峰，促进雨水下渗，补充地下水，同时通过吸附、降解等过程减少地表径流污染。设计建设雨水花园时，可根据自然地形地貌，将雨水花园设置于低洼区域的场地中心，将雨水经排水沟和管道汇入雨水花园。

3. 结合水景的雨水利用

水景观包括自然水景和人造水景，是雨水积蓄利用的重要场所。将雨水利用与景观设计相结合，根据自然地势形态，水面分布，设计瀑布、溪流、人工湖、叠水、喷泉等景观设计，充分发挥水生植物或土壤的自然净化作用，在有效实现对雨水的净化利用的同时，增加水面，改善人居生态环境。其中，人工湖和人工湿地容易汇集沉积污染物，影响其渗透功能，必须定期维护，维持其渗透性。

三、雨水综合利用技术

雨水综合利用是根据雨水利用目的，统筹选择不同的雨水利用技术，按照雨水下渗汇流规律，在降雨初期尽可能使雨水储存在土壤涵养层，维持土壤含水率，待土壤涵养层含水率趋于饱和后，根据雨水利用目的调蓄和回用雨水。对于过量的雨水可通过雨水管网进行排放。雨水综合利用一方面可以保障植物根系吸收雨水，另一方面可以补充地下水，促进自然水循环，防止地面沉降，是提高雨水利用效率和效果的较好选择。

第四节　矿井水开发利用技术

我国矿井水净化处理技术始于 20 世纪 70 年代末，主要采用沉淀、混凝、过滤、反渗透等开发利用技术，矿井水净化处理后可作为工业用水或生活用水。根据矿井水污染物的种类和化学成分，一般将矿井水分为洁净矿井水、含悬浮物矿井水、高矿化度矿井水、酸性矿井水、含有害有毒元素或放射性元素矿井水等 5 类。

一、洁净矿井水

可作为工业用水或生活用水，作生活饮用水时需进行消毒处理。

二、含悬浮物矿井水

含悬浮物的矿井水中含有较多煤粒、岩、粉等悬浮物，一般呈黑色，总硬度和矿化度不高。常规的混凝、沉淀、过滤工艺即可对悬浮物矿井水有较好的处理效果，出水即可达到工业用水标准。处理流程为：含悬浮物矿井水→调节池→提升泵→沉淀池（或澄清池）→过滤→消毒→回用。混凝是通过向废水中投加混凝剂，使其中的胶粒物质发生凝聚和絮凝，形成较大颗粒或絮凝体，从而将水中悬浮颗粒从水中分离出来，实现固液分离。经沉淀后的矿井水通过设置无烟煤和石英砂粒料层组成的快滤池或重力式无阀滤池过滤，矿井水可达到工业用水标准。在混凝、沉淀、过滤处理后，增加吸附工序去除水中的有机污染后，可作为生活用水使用。

三、高矿化度矿井水

高矿化度矿井水是指矿化度无机盐总含量大于 1000mg/L 的矿井水，主要含有 SO_2^{4-}、Cl^-、Ca^{2+}、Mg^{2+}、K^+、Na^+ 等离子，硬度相对较高，水质多数呈中性或偏碱，带苦涩味，少数有酸性。高矿化度矿井水处理通常采用反渗透法、浓缩蒸发、稀释排放等方法。其中反渗透法采用较多，在膜工序前一般增加机械过滤器、活性炭过滤器、保安过滤器等前处理工艺，同时在矿井水进入膜系统前投加阻垢剂，减少膜结垢现象。

四、酸性矿井水

酸性矿井水 pH 值小于 5.5，一般为 3~3.5，个别小于 3，容易腐蚀矿井设备与排水管路，危害工人健康。处理酸性矿井水的方法主要有中和法、工程处理法等。

中和法以石灰或石灰石作为中和剂，通常有直接投加石灰法、石灰石中和滚筒法、升流式变滤速膨胀中和法 3 种方法。直接投加石灰法是将石灰配制成石灰乳，投入反应沟或反应池与酸性矿井水中和，生成硫酸钙、氢氧化铁，然后进行沉淀去除。石灰石中和滚筒法是将石灰石置于滚筒内，扩大酸性矿井水与石灰石的接触面，促使 CO_2 从水中逸出，使 Fe^{2+} 离子氧化成氢氧化铁，经沉淀除去。升流式变滤速膨胀中和法是用细粒石灰石或白云石装入圆锥体形的中和塔，水流自下而上通过滤料，经过中和，pH 值升高，Fe^{2+} 离子被氧化为 Fe^{3+} 离子去除。

工程处理法是构建人工湿地处理系统，通过介质黏土、矿渣、砾石、土壤，以及香蒲、灯芯草等耐受性能好的植被品种，过滤降低酸性矿井水中溶解性 Fe、悬浮物。一般人工湿地处理系统对酸性矿井水中 Fe 去除率可达 80% 以上，并且具有稳定持久的去除能力。

五、含有害有毒元素或放射性元素矿井水

这类矿井水主要指含有铀、镭、铁、锰、铜、锌、铅、氟元素的矿井水，需要经过处理后才能使用或外排。对于这类矿井水，应去除悬浮物，对其中不符合目标水质的有害有毒或放射性污染物进行处理。对于含铁、锰的矿井水，通常采用曝气充氧、锰砂过滤法去除。对于含铜、铅、锌等重金属和放射性元素矿井水，可采用混凝、沉淀、吸附、离子交换和膜技术等处理技术去除污染物。对于含氟水，可用活性氧化铝吸附除去氟，也可用电渗析法去除氟。

第五节　微咸水开发利用技术

微咸水常赋存于地表土壤盐渍化地区，以及由地表径流汇集的坑塘、洼淀等。微咸水的利用方式包括直接灌溉利用和淡化利用。

一、微咸水灌溉利用技术

一般情况下微咸水的直接灌溉利用采用 $3\sim5g/L$ 的微咸水在小麦、棉花、玉米等作物的生长期进行适时适量的灌溉，都可获得良好的效果。咸淡水轮灌方式是在轮作中用微咸水灌溉耐盐作物或作物耐盐生长阶段，用淡水灌溉耐盐力差的作物或作物非耐盐生长阶段。轮灌的时间和水量随着两种水的矿化度、作物种植方式和水源供给条件等而变化。

1. 地面灌溉技术

地面灌溉是当前灌区的主要灌溉方式，耗水量大。目前，波涌灌和膜上灌是经过改进的地面灌水技术。波涌灌灌水均匀、省水节能，田间水利用率高，可以有效避免土壤次生盐渍化。膜上灌在地面覆膜的基础上，用地膜输水，通过膜孔和膜侧给作物灌溉，可以减少下渗，提高灌水均匀度，使水分主要集中于作物主根区，提高了水分利用率，增加了土壤的热量、温度和透气性。波涌灌和膜上灌技术与传

统地面灌溉技术相比，节水增产，具有较高的推广价值。

2. 滴灌技术

微咸水滴灌技术通过滴头将农作物生长需要的水分和养分适量滴至农作物根部土壤，节水、节肥效果较好，是微咸水灌溉的较好方式。滴头滴淋微咸水，使作物土壤含盐量较小，有利于促进作物生长。长期滴灌容易在土壤表层积盐，盐分进入主根区时影响作物正常代谢。采用地下滴灌方式或少量高频滴灌方式可以减少积盐现象。覆盖地膜可保墒、抑盐、增温和减少病虫害，将地膜与滴灌相结合，可以减少微咸水消耗，降低盐分，提高产量，已在我国干旱地区得到推广应用。

3. 喷灌技术

喷灌将微咸水均匀喷洒至田间，节水效果比较明显，但是若不根据气候条件，科学控制喷灌次数，农作物叶片表面将会积累一定数量的盐分，造成叶片脱水，还会增加土壤盐分，影响农作物健康生长。因此，根据气候条件并选择夜间、黄昏等农作吸收能力最低的时段进行微咸水喷灌，既可以促进节水，又可以取得较好的灌溉效果。

二、微咸水淡化技术

微咸水淡化的方法主要有蒸馏、电渗析、反渗透、纳滤、膜蒸馏、离子交换、冷冻、萃取等，前4种方法在生产应用中比较广泛。

1. 国内微咸水淡化技术

淡化处理是微咸水资源化利用的重要途径。常用的微咸水淡化技术包括电渗析法、蒸馏法、反渗透法等。

电渗析法对于微咸水中的钙、镁、铁、钾、氯化物等溶解性无机盐及砷、氟化物等毒理学指标的去除率在60%以上，高者可达90%左右。但是，电渗析法对于COD、SO_4^{2-}等去除率较低，还不能去除水中的有机物和细菌。

蒸馏法包括多效蒸发、多级闪蒸、膜蒸馏等。其中多级闪蒸方式利用太阳能集热器系统和风力发电系统作为能源，自动运行且产水率高，适合太阳能和风能丰富的微咸水地区。

反渗透法采用反渗透复合膜，微咸水脱盐率达可达95%以上，可除去90%以上的溶解性盐类和99%以上的胶体微生物及有机物等。增加压力可以提高产水量，但是会降低反渗透复合膜的使用寿命，需要做经济上的综合考量。在常规能源短缺地区，通常采用风能和太阳能作为反渗透净化微咸水装置动力能源，是较为经济和可靠的选择。

2. 国外微咸水淡化技术

微咸水淡化利用在以色列、美国、法国、伊朗等国家已有很长时间，其利用技术也日趋完善。其中以色列的微咸水淡化技术已步入工厂化生产阶段，统筹考虑技术先进性、经济可行性、环境友好性，采用先进的计算机系统，将微咸水和淡水混合为生活饮用水及农林业灌溉用水。伊朗探索研制了一套微咸水反渗透（BWRO）淡化装置，与独立的混合光伏热系统集成，由前置过滤模块、高压直流泵、反渗透模块和后处理模块组成，处理水生产能力约为11.80L/h，成本接近于传统的大型反渗透海水淡化厂。

微咸水淡化时，高效、清洁和环境友好的能源供给方式必不可少。太阳能、风能等可再生能源以及燃料电池都是较好的能源供给方式。太阳能电池驱动的反渗透脱盐技术可以应用于小型岛屿的饮用水供给，缺点在于能耗和价格较高，处理费 $15 \sim 20$ 欧元$/m^3$。希腊研究人员探索采用能量回收系统降低能耗并取得成功，可以将费用降至7.8欧元$/m^3$左右。风能被英国、澳大利亚、夏威夷等国家和地区应用于微咸水膜技术脱盐工艺中，其中采用1kW的风力涡轮效率最高，费用最低，在能耗 $1.8kW \cdot h/m^3$ 条件下可以达到 $1.3m^3/d$ 的净化产量。燃料电池系统以氢气和氧气为燃料，排放的 SO_2、CO_2 等不足化石燃料的千分之一。微咸水反渗透系统利用燃料电池作为能源供给，在将微咸水进水温度从20℃增加到30℃状况下，降低10%左右的反渗透能耗。

风能作为可再生能源，在英国、德国、哥伦比亚、夏威夷、澳大利亚以及希腊等国家和地区被广泛用于膜技术脱盐工艺中。Enercon

公司设计并生产出了可以大规模应用的集成化风电海水淡化设备,已经接近于实际应用阶段。通过对比设置在加纳的不同小型风力涡轮机和风速间的数据关系发现,采用 1kW Futur Energy 的风力涡轮效率最高,费用最低。利用其与膜组合,可在能耗 $1.8kW \cdot h/m^3$ 条件下达到 $1.3m^3/d$ 的净化产量。

净化后的微咸水用于饮用水供给时,除脱盐外,需要将砷、石油烃等有害物质去除。碳酸钙和氢氧化钙可以作为沉淀剂,用来去除砷酸盐。若采用单一的碳酸钙作为沉淀剂,对于砷酸盐的去除率不足10%,联合采用碳酸钙和氢氧化钙作为沉淀剂,则可以将砷酸盐去除率提高至60%以上,甚至达到95%。通过引入化学絮凝剂,可以较好地去除碳原子数为 11~35 的石油烃,碳原子数越多,化学絮凝剂去除效果越好。

第九章
非常规水源开发利用推进策略与布局 ◄

从推动生态文明建设和绿色发展的高度，贯彻落实"节水优先、空间均衡、系统治理、两手发力"治水思路，依据我国不同地区水资源特点、经济社会发展状况，确定非常规水源开发利用推进策略和发展布局，明确重点地区和重点行业。

第一节　非常规水源开发利用推进策略

从全国层面看，对当前非常规水源开发利用格局的基本判断是：一方面，非常规水源开发利用设施发展已取得长足进步，但仍不能满足要求；另一方面，更为突出的矛盾是，非常规水源利用综合管理水平跟不上快速发展的设施增长速度，限制了供给质量和水平的提升，同时也制约了需求的增长。这就要求从破解供给端和需求端双向不足的问题着手，按照约束性和激励性措施并行的原则，加快解决大规模发展和利用带来的一系列规划衔接、配置调控、安全保障、应急管理等问题。

在供给端，着重要解决设施供给、运行供给、投入供给三大问题。第一，设施供给。一方面要健全规划，明确非常规水源利用发展规模、利用总量，合理安排集中式、相对集中式、分散式等各类设施，确定设施建设总体布局；另一方面，要通过"三同时"制度，与城市市政基础设施建设相衔接，强化统一建设。第二，运行供给。主

141

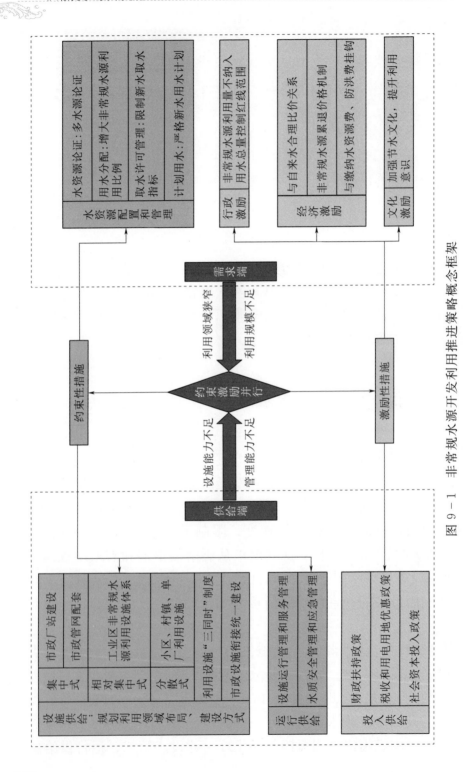

图 9 - 1　非常规水源开发利用推进策略概念框架

要是强化非常规水源利用设施运行管理和服务管理、水质安全管理、应急管理等各项内容，确保提供稳定、安全、可靠的用水。第三，投入供给。主要是通过完善财政扶持政策、税收和用电用地优惠政策、社会资本投入政策等经济激励手段，促进建立多元化的投融资渠道，为非常规水源利用设施建设和长效运行提供保障。

在需求端，着重是破解利用领域狭窄、利用规模不足的问题。第一，通过约束性措施，运用水资源配置和管理的手段，促进增加利用量，包括在水资源论证中加强多水源论证和增大非常规水源利用比例、取水许可管理中严格限制新水取水指标、实施计划用水中严格新水用水计划等。第二，强化激励性措施，包括完善经济激励、行政激励、文化激励等各类激励性手段，促进主动利用。

综上，非常规水源开发利用推进策略可概括为：以建立资源合理配置和高效利用体系为出发点，形成有利于非常规水源利用的生产模式和消费模式，一方面继续增大设施供给的质量和水平，另一方面则着重聚焦关键地区和重点领域，在扩大需求、提高用量方面下功夫，推动供给问题和需求问题同步解决，促进非常规水源利用规模的增长、利用领域的扩展、利用水平的提升。

非常规水源开发利用推进策略概念如图9-1所示。

第二节　非常规水源开发利用发展布局

我国各地水情差异大，区域、城乡发展不平衡仍较普遍。因此，必须充分考虑非常规水源利用发展的内生动力（水资源短缺和水环境污染）、技术经济的可行性（达到规模经济要求）、供水的普遍性和稳定性（满足充足、持续的供水保障）等因素，确定发展布局重点。

一、非常规水源开发利用布局影响因素分析

第一，发展内生动力。从国内外的非常规水源利用发展经验看，

水资源短缺无疑是首要也是最主要的驱动因素。但从近年的发展趋势看，在节水就是减排的观念影响下，治理水环境污染也正在成为非常规水源利用的一项重要驱动因素。

第二，技术经济的可持续性。非常规水源利用需要巨额的前期沉淀资本投入以开展设施建设，并要建立可持续的运营成本回收机制，还有较高的运行管理要求。因此，必须通过规模经济效应来摊薄建设和运行成本，并有较高的技术水平保障，这决定了非常规水源利用只能集中在城市，且主要是大型城市。农村可以根据实际情况探索分散的雨窖集水、小型海水淡化和微咸水利用等措施。但从发展规模、设施布局等角度看，无疑要把非常规水源利用重心集中在城市。

第三，供水水源的普遍性和稳定性。非常规水源必须提供充足、持续的供水保障，这就要求水源必须具备普遍性和稳定性。从供水水源的普遍性角度看，首先再生水（污水水源）和集蓄雨水无疑最满足条件，在地域上基本是普遍分布的；其次是海水，我国有漫长海岸线，沿海分布城市众多，广泛利用海水也具备条件；而微咸水和矿坑排水，则有非常显著的地域限制特征，不能作为主流，仅能满足特殊地域（特殊行业）的需要。从供水水源的稳定性角度看，再生水和海水无疑最满足条件，只要具备相应的生产能力并保障运行，就能提供稳定的供水，可以纳入水资源统一配置体系；而城市雨水集蓄利用最大的不确定因素，正是供给量不稳定；微咸水和矿井水在稳定性方面基本不存在问题，但如前所述，由于这两类资源有明显的地域限制特征，仅对特殊地区具备稳定供水的价值。

二、非常规水源开发利用发展布局分析

综合上述分析，要将城市特别是大型城市的再生水利用和海水利用作为发展重点，使之成为充分发挥"水资源替代作用"的主力水源；城市雨水集蓄利用难以纳入水资源统一配置，应当主要与黑臭水体和河湖的保护治理、海绵城市建设、城市排水等工作统筹发展；微咸水和矿井水，在不具备普遍性的前提下，则根据地域情况因地

制宜。

但具体而言，对于不同类型地区、不同规模、不同发展条件的城市，发展的目标和思路也应有一定差异性。可考虑分为以下四种类型。

一是资源型缺水和用水需求快速增长的北方大型城市。典型如北京、天津，一方面非常规水源利用是现实迫切需求，能够在很大程度上缓解水资源利用的压力；另一方面，这类城市也有足够的资金、技术、管理条件发展非常规水源利用设施。对这类城市而言，要实现再生水利用和雨水利用的全面推广，利用规模要显著增加，沿海城市的海水淡化和直接利用量也应占有一定地位。要通过持续的实践探索，发展成为典型示范和标杆。

二是水污染问题严重、存在局部性缺水的南方大型城市。典型如深圳、昆明。这些城市水资源压力没有北方城市显著，但也存在一定程度缺水问题，同时治理污染和黑臭水体等任务非常艰巨。对这类城市而言，开展污水处理回用和雨水收集利用要与治污结合起来，满足大量生态用水、景观用水的需求，同时探索拓宽利用领域，满足不同用户的用水需求。

三是具有较强经济实力，经济和城市规模处于扩张期的中小城市。这些城市发展规模和基础设施建设仍在快速增长时期，非常规水源规划容易纳入总体规划、市政规划之中，同时也具备资金、技术条件。对这些城市而言，可根据自然、区位、经济等条件，探索不拘一格的发展模式。

四是处于收缩状态的一般小城市和小县城。这些城市属于人口流出地区，首要任务是确保当地民生，资金、技术条件一般。可不做强制性要求，鼓励多与当地的生产结构相结合，自主探索一些成本相对较小的非常规水源利用项目，促进合理利用和发展。

针对不同类型的非常规水源，建议其开发利用布局如下：

（一）再生水利用

注重强化华北、西北等地区再生水资源配置与利用示范建设工作，大力建设再生水利用设施及配套管网，推进再生水纳入水资源统一配置，进一步扩大再生水管网覆盖范围，逐步增加工业用水、市政杂用（园林绿化、道路浇洒）、景观补水、河道湿地生态补水等领域的再生水利用量，有效置换常规水资源，通过加大再生水利用缓解超采地下水、挤占河道用水等问题，实现区域水资源高效利用。探索流域内再生水上下游之间的统筹配置和利用，有条件的地区鼓励开展农村再生水利用。其中，京津冀地区应打造成为我国再生水利用典型示范区域。

其他地区结合减排治污、生态补水等建设目标，有序推进再生水基础建设，完善再生水利用管网，以点带面来带动区域的再生水资源利用。特别是要加大再生水资源在城市河湖水生态保护与修复方面发挥作用。

（二）海水利用

根据我国各沿海地区的水资源供需状况、城市发展战略，区域产业结构、布局和特点，以及各地区海水利用的基础和条件，分析海水利用区域合理布局，明确区域布局重点。

1. 北方沿海地区

此区域包括辽宁、天津、河北、山东等省（直辖市），淡水资源比较短缺、城市自来水价格相对较高、海水利用具有较好基础，发展海水利用潜力巨大。一是建设以供应城市居民饮用水为目标的大中型海水淡化工程，形成可靠的、有一定规模的海水淡化水供应能力。二是建设适合需要的海水净化厂和集中供水系统，为滨海地区（开发区）的海水冷却、海水化学资源提取、制盐、海洋化工产业、养殖等提供净化海水。三是结合电力、化工、石化、冶金等企业的节水改造和新建项目，建设一批 1 万~5 万 m^3/d 级的海水淡化工程，既为企业发展提供优质锅炉补水、优质生产工艺用水，也可降低生产用水成本。四是大力实施海水直接利用工程，结合滨海新建生活小区发展，开展海水冲厕示范推广。

2. 南方沿海地区

此区域包括江苏、上海、浙江、福建、广东、广西、海南等省（自治区、直辖市）。本区域主要结合产业发展和结构调整，大力发展和推广海水在产业中的应用，即通过海水淡化作为工业用纯水，以及海水直接作为工业冷却水等，有效替代淡水，置换出宝贵的淡水资源供城镇居民用水，不仅实现水资源结构的优化，也可解决这些地区的水质性缺水和季节性缺水问题，还可提高企业竞争力。充分发挥该区域经济实力强、产业发展水平高等优势，形成有较强竞争力的产业化基地，积极发展海水利用设备制造业，建立膜法海水淡化技术装备生产基地，不断提高市场竞争力。

3. 海岛地区

海岛的海水利用要始终按照以人为本的要求，以发展海水淡化为主，兼顾海水冲厕，以满足海岛居民生活用水和国防用水需要为目标。以辽宁长海、山东长岛、浙江舟山、广东南澳、海南西沙群岛和广西涠洲岛等居民较多、岛上淡水匮乏，以及涉及国家海洋权益、具有重要军事战略地位的岛屿为重点，大力发展海岛海水淡化，以海水淡化水作为海岛居民的第一水源，积极推广海水冲厕，对现有建筑进行管网改造，对新建筑从规划、设计等源头环节上考虑海水冲厕的要求。

（三）雨水利用

在西南、华北、东南沿海等地区的重要城市建成区开展海绵城市，按照"渗、滞、蓄、净、用、排"的建设理念，全面推进城市建成区雨水集蓄利用工程，经处理后用于城市杂用或景观环境，缓解城市内涝，削减城市径流污染负荷，节约水资源，保护和改善城市生态环境。推广海绵型公园和绿地，消纳自身雨水，为蓄滞周边区域雨水提供空间，同时可促进对城市坑塘、河湖、湿地等水体的保护与生态修复。在缺乏地表水、地下水水源或开采利用困难的西北地区及沿海缺水地区，建设雨水集蓄设施，缓解农村生产生活用水困难。

（四）矿井水利用

我国煤炭集中在中西部和北部，占全国储量的80%以上。14个煤炭基地中，除云贵、两淮和蒙东（东北）基地以外，其余11个基地都是缺水甚至严重缺水地区，尤其是晋、陕、蒙、宁、新地区，水资源最为匮乏，而煤炭资源却最为集中。因此，必须高度重视宝贵的矿井水资源，把矿井水利用视为矿区重要水资源，纳入规划，统筹安排，切实做好利用工作。

各矿区矿井水排放量差别较大，吨煤矿井水排放量大的重要矿区有开滦矿区、峰峰矿区、双鸭山矿区、抚顺矿区、新汶矿区、焦作矿区、肥城矿区、萍乡矿区、白沙矿区、重庆矿区等，这些大涌水量矿区的矿井水净化利用应纳入地方用水规划，统筹安排，除满足矿区生产和生活生态自用外，其余部分可以向周边的城镇居民及工业企业供水。

（五）微咸水利用

微咸水主要分布在我国内蒙古高原的中东部、甘肃西北部、塔里木盆地、准噶尔盆地山前地区、东北平原中部地区和华北山前冲积平原与中部冲积平原交接部位。从行政区域分布看，微咸水可开采资源量较多的有山东、河北、内蒙古、甘肃、宁夏，着重推进微咸水农业灌溉利用，并探索饮水困难地区微咸水提质供水模式，通过脱盐技术提高水质，改善饮用口感，用于人畜饮用，增强供水能力。

第十章

促进非常规水源开发利用的措施建议 ◀

《国民经济和社会发展第十四个五年规划和 2035 年远景目标纲要》将创新、协调、绿色、开放、共享作为新发展理念，以推动高质量发展为主题，构建新发展格局。推动新时期非常规水源开发利用，要从高质量城镇化、绿色转型和循环社会发展、产业结构升级和战略新兴产业等宏观战略出发，认识推进非常规水源开发利用的重要意义。本章基于新时期国家宏观形势和非常规水源发展的自身特征，按照约束性和激励性措施并行的原则，提出以加快推进非常规水源纳入水资源统一配置为抓手完善规划、健全投融资机制支持非常规水源利用厂网设施建设、完善非常规水源利用价格激励机制、加强节水文化建设强化公众参与等措施建议，破解供给端和需求端双向不足问题。

第一节　重视非常规水源利用规划约束和引导作用

非常规水源利用规划是非常规水源工程建设和管理的依据，对指导我国非常规水源利用具有重要作用。它是在充分掌握区域非常规水源利用现状和空间分布等信息的基础上，全面统筹各单项非常规水源资源特征和利用限度，并以各地水资源开发利用与水资源承载能力总体情况为决策背景，而制定的适应时代发展要求和科学、全面的综合利用非常规水源的计划安排。因此，非常规水源利用规划应当成为未来一个时期指导各地非常规水源利用和管理的具有法律效力的科学依据和准则。各地应结合区域总体规划和相关专业规划，全面考虑区域水资源现状，充分分析规划区非常规水源当前面临的形势和任务，明确非常规水源利用发展的总体目标、阶段性目标，对非常规水源利用进行统筹安排。非常规水源利用规划制度要从政府宏观管理的角度出发，规范城市非常规水源利用发展规划的编制与审批，明确规划编制主体、规划方案制定程序、审批主体及审批程序、规划执行制度；健全非常规水源利用规划体系；明确非常规水源利用规划与城市发展规划、产业布局、企业发展等相关规划的关系；提出非常规水源利用规划实施的保障措施，增强政府对非常规水源利用的管理能力。

一、明确规划编制主体

对中央政府、地方政府、城市非常规水源利用相关企业三个主体而言，都需要在一定程度上参与非常规水源利用规划。国务院水行政主管部门在全国层面上统一配置、统一调度、统一管理水资源，2018年国务院水行政主管部门又被赋予履行指导全国城市非常规水源开发的职能。在当前我国水资源短缺形势日益严峻的形势下，迫切需要将城市非常规水源利用纳入到全国各区域水资源统一配置。地方人民政府作为具体负责辖区内城市非常规水源利用的部门，需要明确未来一段时期城市非常规水源利用的发展规模、非常规水源利用总量、设施建设布局、管网铺设布局等，同时还需要与城市发展总体战略和城市基础设施建设相衔接。此外，在城市水资源日益紧缺之时，很多地区已经针对火电厂、冶金钢铁等耗水大户作出严格规定，冷却水等必须首先利用非常规水源；这些政策迫使一部分大型企业在后续建设选址中，必须考虑到当地政府城市非常规水源利用事业的发展思路。由此可见，无论中央、地方政府还是大用户，对这项事业的发展规划都需要一定的制度支撑，主要体现在规划制定与规划的执行。

中央政府和地方政府中的主要专业部门（住房城乡建设、环境保护、水利等）和综合性部门应作为规划编制主体，便于协调非常规水源利用中部门之间的关系。如《"十二五"全国城镇污水处理及再生利用设施建设规划》即由发展改革委、住房城乡建设部和环境保护部负责编制。关于非常规水源利用项目规划编制主体，需要适应各地区不尽相同的非常规水源管理体制。根据调查，随着水务一体化的发展，越来越多的城市由水务部门负责管理非常规水源开发利用工作，在这种情况下，也应由水务部门编制专项规划。但目前，还有少数城市仍由住房城乡建设部门或市政部门承担再生水利用职能，在这些城市，非常规水源利用专项规划应由住房城乡建部门或市政部门编制。

以北京为例，《北京市实施〈中华人民共和国水法〉办法》是在2004年5月27日北京市第十二届人民代表大会常务委员会第十二次会议上通过的。该办法指出，北京市应全面规划、统一管理地表水、地下水和再生水；并且，应由市和区（县）水行政主管部门编制再生水利用、雨水利用等专业规划，应充分利用雨水和再生水，保障城乡居民用水，统筹兼顾生态环境、工业、农业用水；规划市区、卫星城和郊区、县人民政府所在地的城镇时应鼓励投资建设污水集中处理设施和再生水输配水管线，投资再生水管道的建设以及使用再生水的单位都享有有关的优惠政策。

再以上海为例，《上海市水资源管理若干规定》已由上海市第十四届人大常委会第四十一次会议于2017年11月23日通过并公布，自2018年1月1日起施行。该规定明确指出，上海市水务行政管理部门会同市有关行政管理部门组织编制水务相关专项规划，应当包括非常规水源开发利用专项内容；在大型公共建筑以及绿地、公园、工业园区等的建设中，应优先使用符合水质标准的雨水和再生水。

二、健全规划体系

非常规水源利用规划体系由全国非常规水源利用规划、省级非常规水源利用规划、市（县）级非常规水源利用规划三级构成。考虑到我国非常规水源利用发展的现状和不同地域的经济发展水平，非常规水源利用应在不同层面开展，逐步形成三级规划组成的非常规水源利用规划体系。

要制定全国城市非常规水源利用规划编制技术大纲，结合城市非

常规水源利用规划指标研究，与节水型社会建设规划和水利发展规划
等相协调，结合我国城市水资源条件、经济发展水平，确定全国非常
规水源利用发展规划目标，制定城市非常规水源利用规划编制技术大
纲，以指导各城市开展非常规水源利用规划编制。在此基础上，组织
编制地级城市的非常规水源利用建设规划，确定地级城市的非常规水
源利用的建设任务、规模，并与城市供水、排水、污水处理等规划相
衔接，规划非常规水源利用工程布局和项目，提出建设方案和实施
安排。

三、明确规划编制、审批、调整的程序

各地应根据自身条件，确定由县级及以上水行政主管部门负责编
制本辖区内非常规水源利用规划。水利部负责直辖市、计划单列市、
副省级城市的非常规水源利用规划的审批工作；各省级水行政主管部
门负责所辖各地级市非常规水源利用规划的审批工作；各地级市水行
政主管部门负责所辖各县级市非常规水源利用规划的审批工作。国务
院水行政主管部门会同发展改革、建设等有关部门负责指导地方的非
常规水源利用规划编制工作。县级以上地方人民政府水行政主管部门
会同同级有关部门负责编制辖区内非常规水源利用规划，报本级人民
政府或者其授权的部门批准，并报上一级水行政主管部门备案。县级
以上地方人民政府水行政主管部门会同其他有关部门具体负责非常规
水源利用规划的组织实施和监督管理。经批准的规划需要修改时，必
须按照规划编制程序经原批准机关批准。

四、明确与其他规划的关系

关于非常规水源利用专项规划与其他规划的关系，实际上因各地
区规划体系的构成而存在差异。总的原则是：非常规水源利用规划应
服从水资源综合规划和城市总体规划，并与土地利用规划、环境保护
规划、城市供水规划、城市排水与污水处理规划等相协调。非常规水
源利用规划编制中，还需与其他水源工程规划、产业发展规划等相衔
接，以保障规划的科学性。

　　水资源综合规划是编制非常规水源利用规划的基本依据和基础。与水资源综合规划衔接中，涉及水资源及其开发利用现状评价。水资源及其开发利用现状评价应包括水资源数量、供水基础设施、供水量、用水量、用水效率与节水潜力、水资源开发利用程度的分析评价，以及水资源质量与水生态环境状况调查评价、水资源及其开发利用综合评价等方面的内容。其中规定，供水基础设施应按所在地进行统计，供水量和用水量应按受水区进行统计，主要分地表水水源工程和地下水水源工程两大类；而非常规水源供水工程应包括再生水利用、海水淡化利用、雨水集蓄利用、矿井水利用和微咸水利用等，分别调查统计其工程数量、供水能力等，非常规水源供水量可按污水处理再生水利用、海水淡化利用、雨水集蓄利用、矿井水利用和微咸水利用等工程分别调查统计。水资源综合规划规范要求对非常规水源的供水预测，提出主要工作内容包括：①在分析污水处理再生水来源、再利用对象等的基础上，除应提出正常发展情景下再生水利用方案外，还应提出加大再利用力度的方案，并分别计算可供水量；②海水利用应包括海水淡化和海水直接利用，其中海水直接利用量不参与水资源供需平衡分析；应根据需求和具备的供给条件，制订不同规划水平年海水淡化方案，除应提出正常发展情景下海水淡化水量外，还应提出加大利用力度方案及其海水淡化水量；③通过调查分析现有和规划集雨工程的供水状况，制订不同规划水平年雨水集蓄利用方案，提出集雨工程的可供水量；④通过对微咸水的分布及其可利用地域和需求的调查分析，综合评价微咸水的开发利用潜力，制订不同规划水平年微咸水利用方案，提出微咸水的可供水量。

　　同时，从水资源配置角度出发，水资源综合规划明确了非常规水源在水资源配置格局中的定位，从而构成了非常规水源利用规划的基本依据。水资源配置分析是水资源综合规划中的一项主要内容，它是针对水资源开发利用和保护存在的主要问题，综合平衡经济社会发展和生态环境保护对水资源的要求，遵循公平、高效和可持续的原则，统筹考虑各类工程措施与非工程措施，合理确定水资源配置格局和制订水资源配置方案，进行河道内外、不同区域间、不同供水水源间和不同用水行业间的水量配置。针对不同区域水资源利用现状、开发利用潜力和用水总量控制与生态环境保护目标，合理拟订不同水源的水资源配置方案，统筹调配地表水、地下水、外流域调水和非常规水源供水。在水资源过度开发利用地区，应以水资源可利用量作为当地水资源开发利用上限进行总量规模设定，并应通过采取水源置换等措施，逐步退减过度开发利用的水量。为了满足水资源供需平衡的要求，在加大节水力度、强化节水的基础上，可加大污水处理再利用量、海水利用量等其他供水比重，在具备条件的地区可加大外流域、外区域调水量。

五、强化规划的实施保障

在落实国家有关法律法规的前提下，根据实际情况提出确保规划有效实施的地方性法规、条例、政策、制度、机制和办法。要加强规划实施配套政策措施建设，如建立与城建、市政等部门的协调机制等；建立规划实施考核评价体系，将实施期间每年的规划成效与政府一把手工作绩效评估相挂钩；适时推进规划实施激励机制，对规划落实中的先进集体或个人进行表彰；建设全国非常规水源利用规划信息管理系统，在城市非常规水源利用规划数据库的基础上，进一步拓展非常规水源利用管理有关功能，开发完善有关规划数据上报、数据统计和查询、信息处理等功能模块，建立全国城市非常规水源利用规划信息管理系统。

第二节　强化非常规水源纳入统一配置

非常规水源应与传统水资源协调，统一进行资源配置，充分发挥产能，提高利用水平。结合落实《水利部关于非常规水源纳入水资源统一配置的指导意见》，提出非常规水源纳入水资源统一配置的政策措施，为实现非常规水源与传统水资源的统一配置、统一调度、统筹使用等提供制度保障。

一、在编制流域（区域）综合水资源规划中，严格再生水配置相关要求

在水资源紧缺、水污染严重地区，以及地下水超采区和沿海地区，县级及以上水行政主管部门应当编制本辖区非常规水源开发利用规划，或在水资源综合规划中列入非常规水源开发利用篇章，专门明确生产、生活、生态等各类用水对非常规水源需求、非常规水源供给能力和相应的供水设施建设布局。非常规水源开发利用规划的目标和任务应在水资源综合规划和城市总体规划中得以体现，与土地利用总体规划、环境保护规划、供水规划、排水与污水处理规划等相协调，并在土地供应、市政配套等方面预留相应指标。其他地区县级及以上水行政主管部门在编制水资源综合规划时，应根据本地实际情况，将非常规水源纳入水资源供需平衡分析，进行水资源统一配置。

二、通过"分质供水、优水优用"引导使用非常规水源

非常规水源水质一般低于常规水源（但不排除一些深度处理的淡化海水和再生水，具有比一般常规水源更好的水质），应当通过强化"分质供水、优水优用"引导使用。在实施区域用水总量控制时，明确"低水质用途"优先配置非常规水源，能用尽用。

根据实际条件，合理推进农业利用非常规水源。在水资源紧缺地区、地下水超采区，逐步压减农业对常规水源的取用量，适度发展再生水灌溉，大力开展农业节水，满足农业用水需求。

推动高耗水、高污染工业优先使用非常规水源。在水资源紧缺地区、水污染严重地区、地下水超采区，钢铁、火电、化工、制浆造纸、印染等建设项目，必须优先使用非常规水源。

推进城市非饮用生活用水和市政杂用水更多使用非常规水源。在水资源紧缺地区、地下水超采区，洗车、降尘、道路洒水、建筑清洁用水和冲厕用水等，应优先使用非常规水源。

推动城市生态环境用水和景观用水使用非常规水源。河道补水、景观用水必须优先使用非常规水源，小区绿化、公共绿化等要大力推

广使用非常规水源。

三、加强非常规水源的配置管理和过程管理

第一，将非常规水源利用作为建设项目和规划水资源论证、取水许可审批中优先考虑的配置对象。在水资源紧缺地区、水污染严重地区、地下水超采区，开展建设项目和规划水资源论证时，必须将非常规水源纳入水源统一配置方案，使用水户尽可能优先使用非常规水源。只有在满足不了用水需求的情况下，或者不能使用非常规水源的特定环节才允许新增取水。促进企业单位积极使用非常规水源，具备使用非常规水源条件和可行性但未充分利用的钢铁、化工、制浆造纸、印染等高耗水企业，不得新增取水许可。与常规水源相比，非常规水源在水质、水量上还存在着一定局限，在大多数行业中仍然需要再生水、自来水的"搭配使用"。因使用非常规水源而缩减的新水取用量与非常规水源用量之间并不构成严格的比例关系，并不能简单将非常规水源用量全部作为核减的新水取用量，还需要开展进一步专项研究。

第二，明确纳入水资源统一配置的再生水管理思路。地表水、地下水等常规水源管理的一个主要措施就是用水计划，这是由于这些常规水源利用已接近允许的总量，在一些地区甚至已经超量用水，根本原因在于用水需求大，而水资源量相对不足。但是对于非常规水源利用而言，我国还处于起步阶段，除了个别大城市、特大城市做得相对较好外，其他已经开始利用非常规水源的城市用量都不大，更不用说还有大部分城市尚未利用非常规水源。在未来，非常规水源将以提振需求、扩大用量为基本原则，在纳入水资源统一配置后，短期来看应该仍然以鼓励使用为主，不能采用限制性的用水计划管理思路。

第三，明确非常规水源利用与定额管理的关系。为鼓励用水户使用非常规水源，对于实行超定额用水累进加价的地区，非常规水源利用量不应纳入用水定额计算范围。

第四，将非常规水源利用纳入节约用水管理范畴。在满足建设条件时，应将非常规水源利用设施视同节水设施，按照节水"三同时"

制度要求完成同期配套建设，要求非常规水源利用设施与建设项目同时设计、同时施工、同时投入使用。对非常规水源开发利用取得显著成绩、大规模利用非常规水源的单位，可作为节水先进单位，由政府给予奖励。

第五，加强非常规水源利用统计管理。明确非常规水源利用量统计口径和标准，将非常规水源利用数据全面纳入各级水资源管理统计体系，并作为地方年度水资源公报内容之一。将工业、农林牧业、城市生活、市政杂用、环境绿化的非常规水源利用量纳入替代常规水源利用量的统计范围。目前由于各省对非常规水源基础认知有较大差别，统计口径并不一致，不少地方将一般达标排放进入河湖的污水作为河湖补水，也计入再生水利用量，还有一些工业循环利用的冷却水，也存在再生水重复统计的问题。这显然有违初衷，可以考虑使用自来水替代率或取用新水替代率指标（即用户本应使用自来水或取用新水，由于利用非常规水源而节省的相关用量，占总用水量的比重）来作为衡量和考核非常规水源利用的真实发展水平，提高用水户积极性。

四、健全非常规水源利用工程设施建设有关制度

第一，将非常规水源利用工程纳入水源工程体系，与常规水源工程同时规划和建设。将非常规水源开发利用基础设施作为区域总体规划、城市建设的强制性内容，纳入市政供排水体系。配套建设再生水处理设施与供水管网，使再生水接入供水体系，也可直接回补河湖生态用水。雨水利用规划需要结合海绵城市建设规划、海绵流域规划，做好公共设施、小区的内部利用小循环。矿井水利用规划与能源开发以及配套的下游产业链条建设规划相结合，配套建设矿井水处理设施，替代矿山生产常规水源或满足下游产业园区用水。海水利用规划要与海洋开发规划、供水管网规划协调。

第二，在水资源紧缺地区、水污染严重地区、地下水超采区，实施建设项目新建、改建、扩建时，具备非常规水源利用设施建设条件的，须同期配套建设相应的利用设施，并与主体工程同时设计、同时

施工、同时投入使用。

第三，城市非常规水源开发利用工程建设要与城市给排水系统实现有效对接。要加强城市自来水厂、污水处理厂、再生水厂的"三点"与城市供水管网、污水收集管网、再生水输配管网的"三网"统筹，场站与管网系统要配套建设，集中式再生水厂与污水处理厂新建、改建、扩建工程要同步规划设计和投资建设。

五、流域层面应明确将再生水纳入水资源配置的具体方式，适度开发利用

再生水的水源来自于本地自产的污水，具有一定区域性。但是，如果从整个流域层面考虑，这部分污水在经过河道等自然生态系统自净之后，一部分也将会成为下游地区城乡供水的来源。因此，必须要站在整个流域高度来考量如何将再生水利用纳入水资源配置体系，这是个系统问题，如果协调不好上下游关系，将会出现新的问题。比如，上游城镇原本产生的污水，被大量用作再生水，纳入到水资源配置当中加以重复利用，充分降低了上游城镇的供水压力，但却直接导致下游城镇无水可用。这样，上游大量开发利用的再生水尽管对本地而言是利好，但是对下游地区的正常用水需求造成的影响，从流域层面、宏观整体层面来看，其成效反而被打折扣。为此，在大力推进再生水利用时，一定要对纳入水资源统一配置的再生水利用规模进行专项、统筹规划，要在规划水资源论证中进一步将再生水进行专题研究。

第三节 加强非常规水源利用立法修法工作

目前国家层面还没有专门针对非常规水源利用的法规和规范，相关上位法对非常规水源利用的法律规定也十分薄弱，构成推动工作的重要障碍。建议从以下几方面，尽快加强相关法律制度建设。

一、明确非常规水源利用法规体系建设的上位法

建立健全非常规水源利用法规体系的第一步是确定非常规水源利

用法规体系的上位法。目前，我国已经形成了以《中华人民共和国水法》（以下简称《水法》）为基础的水法规体系，非常规水源利用法规体系是水法规体系的一个重要组成部分，《水法》应当作为其上位法。《水法》对非常规水源利用的规定非常原则，缺乏具体的制度规范。建议在《水法》修订中，将非常规水源利用的规划制度、配置制度、激励制度等有关内容纳入，特别是强调在水资源工作中要实现对非常规水源的一体管理，从而强化推动工作的法律依据。同时，再生水利用涉及部分再生水直接排入河道的情况，也应遵循《中华人民共和国水污染防治法》关于水污染防治的相关内容。另外，《中华人民共和国循环经济促进法》涉及再生水利用、雨水利用、海水淡化和海水利用等内容。因此，这三部法律构成非常规水源利用法规体系的上位法。

二、将非常规水源利用内容纳入有关节约用水立法内容

目前水利部正在推进有关节约用水立法工作，非常规水源是城市供水有效且稳定的补充水源，对于节约用水有重要意义，应明确规定非常规水源开发利用纳入水资源统一配置，缺水地区应当制定非常规水源利用规划，扩大非常规水源利用规模，制定促进非常规水源利用的保障措施。明确"低水质用途"优先配置非常规水源，能用尽用，缺水地区应当建立强制使用非常规水源的制度和政策措施，非常规水源利用率应当达到国家规定的要求。

三、争取制定出台非常规水源利用法规性文件

在明确上位法之后，建立健全非常规水源利用法规体系，必须出台专门性国家法规，明确非常规水源利用的相关法规制度，规范非常规水源利用各项活动，使非常规水源利用各项活动"有法可依"。应进一步深化对制定非常规水源利用法规性文件的必要性与紧迫性的认识，使各级政府和相关部门充分认识到目前我国水资源紧缺的严峻形势，认识到非常规水源作为替代常规水源的重要作用。加强立法工作的组织领导，深入开展调研，厘清现行制度的缺失和不足，遵从严格

且完善的立法程序，加强相关部门间协调与合作，加大立法投入与保障，争取尽快出台非常规水源利用法规性文件。从非常规水源利用的管理体制、规划、设施建设、设施运营与维护、监测与监督、保障措施、法律责任等方面明确相应内容，构建非常规水源利用的法规制度框架体系。特别是要明确法律责任，对应当使用而未使用非常规水源的，要规定严格的罚则，从而有效约束人们的行为。

四、研究制定与非常规水源利用相关的管理办法

以非常规水源利用条例为核心，研究拟定与非常规水源利用相关的管理办法，出台相应的规章和规范性文件，完善配套政策，细化规范非常规水源利用各环节具体事宜。

一是开展非常规水源利用条例实施细则编制。省级城市的非常规水源利用立法工作要因地制宜，明确规划期内本地区非常规水源利用拟建立的关键制度。

二是研究拟定非常规水源价格管理办法。明确非常规水源的定价原则和方法，指导地方非常规水源定价工作，规范非常规水源价格管理。

三是研究拟定非常规水源利用安全监督管理办法。确定非常规水源利用安全监管的重点内容、政府有关部门的安全监管职责、拟建立的机制和关键制度，指导地方加强非常规水源的安全生产和使用。

四是研究拟定非常规水源水质监测管理办法。明确非常规水源水质监测责任主体，明确非常规水源生产企业在水质监督中的各项职责，规范包括非常规水源的水质监测标准、程序、奖惩措施等，指导各地加强非常规水源水质的监督管理。

五是研究拟定非常规水源利用设施建设投融资管理办法、非常规水源利用企业市场准入管理办法等相关法规。

五、鼓励地方自主探索，为国家立法提供实践基础

在加快推进非常规水源利用立法进程中，应充分尊重各地方立法积极性，鼓励非常规水源利用发展较为迅速的地区，积极开展本地区

的非常规水源利用立法工作，明确本地区非常规水源利用的关键法规制度，不仅为地方非常规水源利用发展提供法制保障，同时也为国家非常规水源利用立法进行前期探索，提供实践经验。

第四节　强化非常规水源利用技术集成与推广

建立完善的非常规水源处理技术体系，加强相关技术工艺的研发、推广、示范的政策支持，促进非常规水源工艺技术的集成化和标准化，为非常规水源利用发展提供可靠的技术支撑。

一、完善非常规水源利用标准体系

标准体系的等级应包括国标、行标、地标，内容应涵盖勘察设计、施工验收、装置设备、水质标准、检测方法等。目前，涉及再生水、海水淡化、雨水等非常规水源的标准有 60 多项，主要集中于勘察设计、施工验收、装置设备等方面，缺少专门的检测方法标准，水质标准指标和阈值多参考采用国外标准或饮用水指标，针对性不强，且现行标准中某些指标存在矛盾，标准与标准之间某些指标阈值差异较大。因此，需要加快制修订相关标准，建立完善非常规水源配置与利用标准体系框架。研究制定非常规水源利用与配置的技术标准和管理标准，规范非常规水源利用工程设计规范和生产工艺过程。尽快开展非常规水源规划编制规范，提出非常规水源利用与常规水源协调配置的原则和非常规水源配置的基本要求，明确非常规水源利用配置规划构成内容和编制要求。系统研究污水排放—污水处理—再生水利用的水质标准，建立系统、完善的再生水利用相关技术标准体系，确保健康、有序推进城市污水再生利用工作。再生水利用标准体系应涵盖再生水分类标准、入水水质标准、出水水质标准、工艺流程选择标准、技术标准、监测标准等。梳理现行不同再生水水质标准，结合我国实际情况，加快针对不同用途的再生水水质标准修订工作，明确不同用途再生水水质应该监测的水质指标与指标范围，解决目前因标准不统一、指标体系不健全带来的再生水生产、利用和监管等问题。围绕地下水回灌工程前期论证、回灌操作过程、回灌后监测等编制再生水地下水回灌利用标准。多部门合作开展淡化海水进入公共供水管网相关标准的研究与出台，规范淡化海水作为生活用水的利用。鼓励地方结合实际情况制定地方技术标准。

二、加强新技术新工艺研发

加强非常规水源利用技术创新与研发，注重自主创新，重点研发具有自主知识产权的关键技术；加强技术创新能力建设，推动"产学研"联合，促进非常规水源利用科技成果的产业化。推进核心技术、材料、装备国产化。加强非常规水源利用技术创新与研发，开展自主核心材料、技术装备研制及应用，提高关键装备的可靠性、稳定性和竞争能力。

1. 再生水利用研究

国外在污水深度处理与回用技术应用方面已经有了较大的发展。而我国城镇污水处理仍以传统活性泥技术、序批式活性泥法SBR技术等常规技术为主，难以实现污水处理的低碳和低能耗运行。进行深度处理的方法主要采用各类"高级氧化+膜技术"，普遍存在设备投资及运行成本高、难以规模化应用等问题。下一步我国再生水利用技术发展方向应是研发高效低耗的污水处理和再生利用技术。鼓励研发占地面积小、自动化程度高、操作维护方便、能耗低的新型处理技术和再生利用技术。以混凝、过滤、消毒或自然净化等污水深度处理技术以及处理过程中污泥处理和无害化处置的实用技术为重点，加大污水深度处理新技术的研究力度。

2. 海水淡化/利用研究

国际上，海水淡化技术成熟且已得到规模化应用。多级闪蒸、低温多效蒸馏和反渗透已成为三大主流海水淡化技术，电渗析、反渗透、纳滤三种方法在苦咸水淡化中较为成熟、应用较广泛。目前，美、日、韩等国在海水利用应用基础研究、材料装备研制和大型工程化技术应用等方面技术先进、指标领先，并在正渗透、石墨烯膜制备、海水淡化与新能源耦合、海水冷却塔塔芯材料等方面开展工作，抢占技术制高点。我国应进一步研发海水淡化科技与产业紧密相关的技术和装备；着力发展海水淡化关键设备和核心材料，提高国产化率；需系统化开展万吨级、10万吨级海水利用工程的工艺、共性和关键技术的研究；积极研发工业余热，风能、太阳能、潮汐能等可再生能源与海水淡化相结合的工艺技术，提高海水淡化设备国产化比例，同时加大从海水中提取钠、溴、镁等化工原料的研发和推广力度，实现海水淡化与新型制盐业的有效结合。

3. 雨水利用研究

国际上雨水利用技术经过多年发展已日臻成熟，通过建立屋面雨水集蓄系统收集屋面雨水、利用雨水截污与渗透系统收集地面雨水、建立生态小区雨水利用系统，全面实现雨水有效利用。下一步我国应研发推广雨水集蓄利用技术。在缺水地区推广农业集雨灌溉技术；推广农村分散式集雨利用技术和滴灌技术；鼓励企业和园区设置雨水收集及回用处理系统，处理后的雨水作为冷却补给水和杂用水；推广城镇绿地草坪、房屋、道路、下沉空间雨水滞蓄直接利用技术。以蓄水设施建设、雨水利用模式、景观化雨水收集利用系统、雨水回灌地下水技术、雨水径流污染控制技术和高效低价集雨表面材料为重点，加强雨水储存、利用和截污技术研究力度。建议在中长期降水预报方面开展更多的研究，同时进一步提高短期降水预报的精度，为制定适宜的雨水利用计划预留充足的准备时间。建议对我国不同干湿区雨水资源利用技术发展参差不齐的现状，开展有针对性的研究。

4. 矿井水利用研究

重视矿井水的开发利用与矿区生态环境系统保护关系的协调，以及不同用水需求所要求的矿井水处理技术与标准。

5. 微咸水利用研究

应将研究主要集中在微咸水利用方式、土壤盐分分布、微咸水灌溉对土壤物理和化学性质的影响、微咸水灌溉制度、微咸水灌溉对作物产量和品质的影响等方面。应重视不同用水领域的用水方式及用水过程中所引发的地下水层动态变化特征和农业灌溉中土壤物理化学性状变化的研究，以及微咸水利用的生态环境效应方面的应对处理技术。

三、健全非常规水源利用关键技术引进及国产化政策

非常规水源利用关键技术引进及其国产化包括科技研发、科技成果转化、高新技术的引进和转化、科技成果的转化和应用、引进重大技术装备的创新消化、新技术新设备新材料的推广应用等多个方面，要解决好非常规水源利用关键技术引进及其国产化问题，最为关键的是要给予积极的行政支持和强有力的资金支持。

非常规水源利用关键技术引进及其国产化的管理涉及国家发展改革委、财政部、水利部、生态环境部、自然资源部、工业和信息化部和科技部等多个部门，应明确相关部门在非常规水源水利用关键技术引进及其国产化方面的职能和责权划分，建立各部门协作机制，编制并履行相应规划，制订并落实相关政策法规，确保非常规水源利用关键技术引进及其国产化的各项工作具备明确的责任主体、清晰的工作目标、足够的工作落实能力。

非常规水源利用技术与设备的研发和转化、引进和消化吸收除了依靠行政推动，还离不开资金支持，资金来源包括财政投资和相关企业投资两个途径。但由于非常规水源利用在我国尚属于起步阶段，非常规水源生产企业大多处于保本甚至亏本运行状态，非常规水源设备生产企业竞争力有限，国家财政投资应是资金投入的主要途径，建议制定出台相关的产业政策、科研政策、科技推广政策，予以大力扶持。

四、建立非常规水源利用技术（产品）的推广机制

由于非常规水源开发利用在我国刚刚起步，相关科研成果缺乏充分的市场调研，难以满足市场需求。主要表现在：一是有些科研成果成熟度低，大部分成果仍然停留在小试、中试规模，尚未推广；二是有些科研成果超前，生产成本高，市场需求不旺盛，企业不愿意转化；三是有些科研成果偏重单一技术的研发，对集成化、规模化技术

缺乏研究，不能满足企业兼备工艺、装备、技术等工程研发可行性的要求。

区域与行业示范为开发利用非常规水源提供了可借鉴的模式，非常规水源的开发利用要更加注重典型示范的作用。开展非常规水源利用技术创新和应用，需要推动水利建设资金用于非常规水源利用示范项目建设。非常规水源开发利用需要因地制宜、区别对待，如再生水利用，可在部分地区和部分钢铁、石油和化工、纺织印染等高用水行业作为示范，对其采取特殊的优惠政策，优先发展，树立榜样，总结经验，从而带动更多地方、更多行业更快更好地开发和利用非常规水源。非常规水源开发利用在节水型社会建设试点、最严格水资源管理试点、水生态文明建设试点、两型社会等试点所取得的经验已经被越来越多的地方接受和实践。

在典型示范的基础上积极推广，建立非常规水源利用技术和产品的推广机制。通过典型示范对非常规水源产业的发展进行引导，示范工程实际的建设成本、水质、运行成本和对当地经济社会的推动作用，可解除人们的疑惑，促进非常规水源产业快速发展。同时也应根据非常规水源的特点，因地制宜，区分轻重缓急，针对不同区域、不同形式、不同用途，通过供求平衡进行相应的非常规水源开发利用，最大程度提高非常规水源利用效率，全面加强节水型社会建设。研究和推广适用于缺水地区的经济、适用的再生水利用与配置技术，不断扩大非常规水源利用规模，提高非常规水源利用水平。

五、建立完善的非常规水源利用技术培训体系政策

城市非常规水源工艺通常技术应用要求较高，要求精准的处理工艺，独立的配水系统，特殊的用户管道和闸门系统，以及熟练的操作，而目前非常规水源利用设施的管理人员普遍专业技术水平达不到，系统运行水平不高，出现问题不能及时解决，出水水质难以得到保证，水质水量常常发生较大的波动。为确保系统正常运行，非常规水源利用主管部门应建立完善的技术培训体系，定期对城市非常规水源的运行管理人员进行日常操作、水质化验、应急措施等培训，提高

运行管理者技术素质。

第五节　推动形成非常规水源利用价格机制

一、建立合理的非常规水源定价机制

定价机制是价格管理的先决条件。目前非常规水源的定价机制尚不健全，以再生水为例，再生水作为最重要的非常规水源，其利用量已占非常规水源利用总量75%以上，国家相关政策性文件对于再生水价格制定，原则性地表述为"再生水价格要以补偿成本和合理收益为原则，结合再生水水质、用途等情况，与自来水价格保持适当差价，按低于自来水价格的一定比例确定"，缺乏对再生水价格构成、定价依据、定价机制的明确要求。各地在实践过程中，只有极少数的城市出台了指导辖区内再生水价格制定的办法，但也没有详细的定价公式和定价标准。再生水价格水平偏低，价格优势无法发挥，严重制约再生水企业的良性运营。建立健全反映供水成本的城市污水再生利用综合水价形成机制，使再生水综合水价总体达到运行维护成本水平并合理盈利，促进城市再生水利用率进一步提高，城市用水结构得到优化调整。

以下重点围绕再生水利用提出定价机制建议。按照与自来水保持竞争优势的原则确定再生水价格，建立健全补偿成本、合理盈利、激励提升供水质量、促进节约用水的再生水价格形成机制。在充分考虑社会承受能力的前提下，逐步将再生水价格调整至不低于成本水平。积极推动对各类用户再生水价格差别定价。在具备条件的地区，根据具体情况实行阶梯式计量水价，在用水季节性波动明显的地区可实行季节性水价。

（一）再生水定价方式与主体

再生水定价方式。由于再生水通过参与城市水资源的统一配置，发挥城市重要替代水源的功效，因此再生水与传统水资源一样作为重要的战略资源，在价格上实行政府定价。再生水定价具有强制性，未经价格主管部门批准，任何单位和个人都无权变动。

再生水定价主体。由于我国再生水利用具有显著的地区差异性，再生水定价应由各城市在《中华人民共和国价格法》等相关政策法规的基础上，由该市价格主管部门与水行政主管部门共同确定，上一级价格主管部门与水行政主管部门对其进行监督、审查、管理。

（二）再生水定价原则

当前，我国有关供水价格的管理办法对水价格制定原则作出了明确规定。其中，对于水利工程供水价格，《水利工程供水价格管理办法》规定按照补偿成本、合理收益、优质优价、公平负担的原则制定，并根据供水成本、费用及市场供求的变化情况适时调整；对于城市供水价格的制定，《城市供水价格管理办法》规定应遵循补偿成本、合理收益、节约用水、公平负担的原则。

再生水作为特殊的非常规水源，应纳入水资源统一配置体系，从促进效率和公平的角度，并考虑再生水建设运营特点，提出定价原则。

1. 资源高效利用原则

价格是市场机制的中心环节，是调节资源配置的有效杠杆。再生水价格应成为指导再生水生产和使用的信号。通过制定有效的再生水价格，在"生产端"促进再生水企业逐步扩大再生水生产规模，实现"保本微利"；在"需求端"形成与自来水的价格差异，引导用户增加使用再生水，从而降低再生水的单位生产成本，促使再生水企业扩大生产能力，形成高效、持续的正向循环。

2. 成本回收和合理收益原则

水费收入是供水企业获得资金以维持简单再生产和扩大再生产的主要来源，水价的高低在很大程度上影响着供水企业的发展。因此，合理的再生水价格制定首先应考虑能够保证再生水生产与输配等工程建设投资以及生产成本、运行管理费用等，使再生水企业能够有充足的资金用于设施的运行管理、维护养护、更新改造等。同时，合理的再生水价制定，也应该考虑再生水企业的合理收益，即利润。

3. 再生水用户可接受原则

再生水价格制定要在尽可能确保再生水企业成本回收和合理收益

的基础上，充分考虑用户对再生水价格的可接受能力。在当前自来水价格水平的基础上，由于再生水和自来水存在价格差异，用户才会有使用再生水意愿。同时，受我国长期以来执行的福利水价、补贴水价等水价政策影响，加之当前自来水水价普遍较低，用水户能够接受的再生水水价标准不会太高。因此，在再生水水价制定时需要考虑用水户的承受能力与承受意愿。

4. 差别定价原则

考虑到不同类型用水户使用的再生水水质存在差异，必然会造成再生水在生产环节中使用不同的技术工艺、处理药剂等，不同水质标准的单位再生水生产成本并不相同。如果再生水采用单一定价模式，难以充分体现出因用水户需求而形成的再生水价格差异，同时也不利于生产较高标准再生水的企业回笼资金、扩大生产。因此，在再生水价格制定中需要充分考虑用水户对水质的不同需求，采取分类定价方式。

5. 及时调整原则

再生水价格不应固定不变，应随着物价变动、技术进步，以及人们收入增长和对其接受能力的提高而动态调整。

（三）再生水定价依据

1. 再生水生产的社会平均成本核算

再生水生产成本包括再生水企业直接和间接的运行费、管理费，以及折旧、税金等。再生水价格中所包含的利润，一般由社会平均利润率测算。再生水生产的社会平均成本指不同的再生水企业生产再生水的平均成本，是再生水的定价成本，按社会平均成本定价是价值规律的要求。在再生水利用起步与示范引导阶段，为了刺激用户使用再生水，再生水价格宜根据核定的各成本制定，暂时不计利润。待实现成本回收以后，可根据再生水利用情况综合考虑合理的再生水利润，实现再生水生产的"保本微利"。

2. 再生水利用的市场供求状况

在社会主义市场经济条件下，再生水价格应是明确体现再生水供需均衡状态的合理价格。但是，目前来看，我国的再生水市场发育尚不完善，很多城市再生水利用还未起步，已经利用再生水的城市又存在相关体制不顺等诸多问题。加之再生水市场具有不同于其他商品市场的运行规律，如垄断性、区域性和准公益性等，再生水均衡价格只适宜作为再生水定价的重要参考。

3. 用水户承受能力

在我国，公共供水具有公益性垄断行业的性质，其价格不能完全由市场经济条件下的均衡价格确定，需要政府相关部门综合分析各类价格影响因素后制定实施。供水价格从需求端考虑受经济社会发展水平和收入水平的影响，用水户往往只具有一定的承受能力，超出用水户承受能力的水价很难推行。再生水作为替代自来水的非传统水源，具有一定的公益性，其价格制定也必须考虑用户的承受能力。

4. 不同水源比价关系

不同水源比价关系是定价可行性的关键。在市场经济条件下，价格是调节和引导人们消费行为的有力手段。制定合理的地表水、地下水、自来水、再生水、污水处理费之间的比价关系，拉大再生水与地表水、地下水和自来水之间的价格差，真正做到优水优用，提高水资源的利用效率，使再生水价格具有经济上的优先性，进而发挥价格杠杆调节作用，引导合理的用水消费，扩大再生水利用的市场需求，进而促进再生水回用的产业化发展，达到节约用水的目的。

（四）再生水价格核算方法

再生水是具有一定经营性质的准公共物品，但目前再生水市场发育不完备，同时考虑到再生水利用造成的边际使用成本和外部成本不易定量计算等困难，在现行水价核算方法中，再生水资源边际机会成本价格模型和完全市场定价模型的应用受到了一定限制。因此，为使核算方法可行并利于操作，再生水水价核算宜采用用于具体污水回用工程项目成本核算的服务成本价格模型，同时结合用水户承受能力分析模型和全成本定价模型。再生水定价的全成本模式应结合再生水利用的特殊性，对水价组成部分具体分析后采用。

（五）再生水价格制定

1. 再生水水价基本构成

再生水的价格包括生产成本与费用、合理利润及税金。

再生水价格中的生产成本与费用体现了对再生水工程可持续运行能力的保障，参照国家财政主管部门颁发的《企业财务通则》和《企业会计准则》等有关规定核定，包括固定资产折旧费、大修理费、能源消耗费、药剂费、直接工资、水质检测和监测费，以及管理费用、财务费用和销售费用等。

再生水价格中的利润通过净资产收益率或投资回报率进行核算。具体收益率水平由地方各级政府根据当地的经济发展水平和城市再生水利用发展目标、再生水用户行业特征等因素加以确定。

再生水价格中的税金指按国家税金征收有关规定，再生水企业应当缴纳的税金，现阶段应设为低税率或零税率。

2. 再生水水价计算模型——平均成本定价法

平均成本定价法是自然垄断行业中最常采用的定价方法，其定价基础是对平均成本的估计，主要依据历史统计资料，此外还须确定一个合理的利润率值，该值一般取决于社会平均利润率，也可能取决于政府或公众的偏好。在再生水利用起步阶段，建议再生水价格中不计入利润。再生水的平均成本定价方法，是依据区域内再生水厂的平均生产成本与费用确定再生水价格水平；进而结合用水户行业特征、承受能力等，进行再生水不同用户间的成本分摊。实现再生水的平均成本定价的关键在于如何公平合理实现成本在不同类型用水户间的分配，使用户负担与其所接受的再生水供应相应的成本。

（六）再生水价格上下限

1. 再生水价格上限

再生水作为替代水源，其价格不可能超过所替代的自来水，否则在经济上便得不偿失。为了确保再生水与自来水的价格差距，再生水价格上限须与自来水保持一定比例。在再生水利用初期，再生水价格上限可按照自来水的30%左右确定。但是，这一时期由于再生水利用量较少，单位生产成本可能反而高于适合的再生水价格上限，需要政府进行一定程度的补贴。

2. 再生水价格下限

从再生水企业简单再生产的角度分析，再生水中的工程成本应是企业成本的反映。因为再生水企业的预付资金能否得到补偿，关键是看其所售再生水价格与成本的关系，只有再生水的价格等于制水成本，资金消耗才能得到完全的补偿，再生水企业的简单再生产才能维持。在再生水利用初期，受再生水利用规模限制，再生水的单位供水成本较高；而且，为了促使用户使用再生水，再生水价格相对较低，可能暂时还达不到供水成本，这时需要政府公共财政进行补贴。再生水价格下限与一定的政府补贴之和，至少应该与再生水供水成本相持平。

二、合理确定非常规水源与自来水比价关系

比价关系通常指在商品和商品、货币与货币之间存在的一种价格比例关系。水价的比价关系主要是指将水作为一种商品供给时，不同类型供用水价格的比例关系。从鼓励消费者使用非常规水源的维度出发，依据有利于促进增长方式转变、鼓励非常规水源使用、优化水资源配置的原则，合理调整非常规水源与自来水的比价关系，使非常规水源显现出更好的价格优势，从而激发用水户使用非常规水源的积极性，发挥非常规水源对自来水的替代效应。

在国外一些城市，利用价格杠杆调节再生水市场已经有相当长的时间，在再生水与自来水的比价方面积累了丰富经验，可为我国制定合理的再生水定价机制提供参考。日本千叶县神户市和福冈市各拥有一个较大规模的再生水利用工程，再生水价格相对便宜，居民生活杂用的再生水水价为 0.83 美元/m^3，而自来水水价为 3.99 美元/m^3，再生水价格仅约为自来水价格的 20.8%；澳大利亚悉尼的罗斯山地区（Rouse Hill）再生水价格为 0.28 澳元/m^3，而自来水价格为 0.98 澳元/m^3，再生水价格仅约为自来水价格的 28.6%；法国大西洋沿岸的 Noirmoutier 岛上的生活污水全部收集处理后生产再生水，主要用于农业灌溉，价格为 0.23~0.30 欧元/m^3，而市政公用、经营服务业所使用的自来水价格为 4.57 欧元/m^3，再生水价格仅为自来水价格的 5.0%~6.6%。从总体上看，再生水价格与自来水价格的比值约在 30%之内。

根据我国一些城市的经验，非常规水源与自来水价格（含水资源费和污水处理费）的比例关系一般为 1：3 左右。建议在城市非常规水源利用初期，采用这一比例关系，确定非常规水源与自来水的比价关系。非常规水源利用市场完善后，比价关系可根据实际情况动态调整。更进一步，可考虑实现一体化运营，这样一方面能统筹安排运营各环节，把部分成本内部化；另一方面可利用规模效应，摊平非常规水源利用设施的建设和运行成本，利于持续运营。

三、建立非常规水源与自来水的价格联动机制

非常规水源利用工程与自来水工程、污水处理工程都具有前期投入大、沉淀资本高、公益性强、运行成本弥补不足等共同特征。非常规水源的价格政策，不能孤立考虑（再生水厂与污水处理厂本身就是上下运行环节的关系），要作为"城市水务统筹运营"的一部分，系统评估自来水、污水、非常规水源的企业运营成本，并考虑政府补贴，制定综合水价政策，使三者形成联动，综合平衡，一体调价。为了促进非常规水源的利用，使非常规水源价格与自来水价格保持一个合理的价差，同时为了减轻物价上涨给非常规水源生产成本带来的影响，减少非常规水源生产企业经营亏损，助推非常规水源企业实现良性运行，需要建立非常规水源与自来水的价格联动机制，当自来水价格发生调整时，应同步对相同用途的非常规水源价格进行调整。

四、健全非常规水源"按质分类"价格体系

我国多数城市非常规水源价格只是简单地根据不同使用主体进行区别定价，没有真正地实现分质供水，更没有建立分质供水、分质定价的非常规水源价格体系。单一的非常规水源水价制度，一方面难以反映非常规水源生产成本，另一方面也不利于激发非常规水源生产企业的积极性，在一定程度上制约了非常规水源利用的发展。价格主管部门应按照定价目录、价格管理权限和法定程序对城市公共管网供应的非常规水源价格进行制定。不同类型用水户的非常规水源价格制定，需要参照自来水的价格，并兼顾用水户的承受能力与支付意愿；

同一类型用水户的非常规水源价格，应按照"优水优用、分质定价"的原则，对不同供水水质的非常规水源分别定价。对于河道、景观等市政生态补水的非常规水源价格，在报当地政府批准后执行；对于用户有特殊水质要求、需要进一步深度净化处理的非常规水源价格，实行市场调节价，由供需双方协商确定。但是，由于目前很多城市非常规水源用途比较单一，城市居民生活、市政杂用等用量无法与景观环境用量相提并论，所以分类价格体系长期未能建立。但应当考虑在城市非常规水源市场发展到一定阶段后，推进不同用途、不同用户的分类价格管理体系。

五、建立非常规水源成本监审机制

成本是制定价格的基础，制定价格必须依据成本。需要明确专门成本调查机构、成本监审工作的对象、方式、方法，以及成本核算的原则、办法等。应由价格主管部门指导非常规水源生产企业对非常规水源生产成本进行核算，包括非常规水源生产的全成本和运行成本，进一步规范非常规水源生产成本基本构成，强化对非常规水源生产成本的监管，加强对非常规水源生产的成本约束，使非常规水源定价成本更加合理，非常规水源价格制定依据更加科学。在此基础上，由非常规水源生产企业按照财务数据项要求向价格主管部门提供非常规水源生产有关成本材料，价格主管部门则根据《中华人民共和国价格法》《政府制定价格成本监审办法》及相关法律法规，对非常规水源生产企业提供的有关成本资料和成本核算报告进行成本监审。

一是建立非常规水源的成本考核指标体系，规范非常规水源价格成本的核算方法。政府物价和水行政主管部门应主持建立区域非常规水源平均成本核算模型，做好非常规水源生产的社会平均成本的测算工作，使非常规水源成本和价格的核算规范、合理。

二是建立非常规水源生产企业成本预审制度，对企业的成本构成进行长期的监管和控制。为此应相应建立供水企业成本台账，物价部门可以据此实现"关口前移"，对非常规水源生产企业成本定期进行全方位稽核审查，以保证非常规水源生产成本的合理。

三是做好非常规水源生产企业的成本公开。政府价格主管部门启动调价程序时，非常规水源生产企业应及时通过本企业网站或当地政府网站进行非常规水源生产成本公开，包括企业有关经营情况和成本数据，以及社会公众关心、关注的其他有关非常规水源价格调整的重要问题。

四是做好非常规水源定价成本监审公开。为保证成本监审的客观、公正，政府价格主管部门应广泛邀请部分人大代表、政协委员、专家学者等参与监督，提高政府决策的公信力。成本监审报告应明确非常规水源生产企业的运营情况、财务状况、成本数据等有关情况，重点说明企业成本支出变化等群众关心的问题。政府应通过政府网站、新闻媒体向社会公布非常规水源定价决定和对有关方面主要意见的采纳情况及理由。

五是进一步规范非常规水源价格审核与批准程序。由非常规水源运营主体提出合理的定价建议，由地方价格主管部门就建议定价开展成本调查、同行业调查、用户调查后初步确定价格，然后主持召开价格听证会，听取消费者、经营者、专业人士等多方面意见，讨论其可行性、必要性，由政府确定最终价格，并报上一级价格主管部门备案后，向消费者、经营者公布，非常规水源价格如有变动必须经政府重新审批。对于现有或正在筹建的非常规水源利用企业的非常规水源价格，应当在考虑新旧非常规水源利用设施起点不同的情况下，参照相同或相近技术与规模的经市场化竞标确定的非常规水源利用设施的收费标准进行核定。

六、建立非常规水源合理调价机制

需要在确定非常规水源与自来水合理价差结构的基础上，明确非常规水源调价的原则、覆盖范围、测算依据、调价幅度、调价程序，提出非常规水源调价后的监督管理措施。非常规水源经营企业需调整价格时，应向价格主管部门提出书面申请，调价文件应抄送同级城市有关行政主管部门。城市有关行政主管部门应及时将意见函告同级人民政府价格主管部门，并召开听证会，邀请人大、政协和政府有关部门及各界用户代表参加。调价申请由市人民政府价格主管部门审核，报所在城市人民政府批准后执行，并报上一级人民政府价格和有关行政主管部门备案。必要时，上一级人民政府价格主管部门可对非常规水源价格实行监审。非常规水源价格调整方案实施之前，由城市人民政府向社会公告。

第六节　完善非常规水源开发利用激励与扶持政策

一、完善财政补贴机制

（一）补贴责任主体

非常规水源价格财政补贴机制，是政府为了推进非常规水源市场建立，缓解城市水资源短缺局面，综合考虑城市非常规水源平均生产成本、费用和再生水承受能力，以直接或间接的方式对从事非常规水源生产、输配的单位和非常规水源使用者进行的无偿补助。非常规水源价格管理应遵循"统一管理、分级负责"的原则，由中央政府和地方各级人民政府分级负责，同级人民政府水行政主管部门、价格管理部门、财政部门具体负责。一般情况下，补贴责任主体是省、市两级政府部门。承担的主要职责如下：

一是负责全面指导、监督非常规水源价格财政补贴工作。中央和地方各级人民政府有关部门应在《中华人民共和国价格法》《中华人民共和国价格管理条例》及其他价格管理宏观政策方针的指导下做好非常规水源价格财政补贴工作。二是负责研究拟定非常规水源价格财政补贴范围、标准、方式、资金渠道等。受地方各级人民政府指导、监督，同级水行政主管部门负责非常规水源价格补贴工作的总协调，对本行政区、下一级行政区的非常规水源价格补贴工作方案的相关情况进行监督管理和考核；价格管理部门负责核定不同生产工艺、不同生产规模的非常规水源生产成本与费用，制定补贴标准；财政主管部门设立非常规水源价格补贴专账，对财政补贴资金的筹集和使用进行管理，确保专款专用。三是负责指导非常规水源价格财政补贴的落实工作。省、市级人民政府应成立非常规水源价格财政补贴督办工作组，负责指导、监督下级人民政府的补贴落实工作。四是负责协调、处理本行政区内的非常规水源价格财政补贴争议事项。

（二）补贴范围与对象

根据国家相关法律法规、各地实践和非常规水源特性，非常规水源价格财政补贴范围应为全国城镇（包括设区市、县级市和建制镇）建成区范围内、符合一定标准的非常规水源生产、输配、使用的主体，既包括非常规水源生产企业和非常规水源设施建设单位、非常规水源输配企业等，也包括非常规水源最终用户。同时，还需要考虑未来非常规水源发展规划布局的需要。

从生产者来看，非常规水源价格财政补贴对象应包括：一是集中式非常规水源设施建设单位，包括独立设置的非常规水源生产企业。二是达到相关标准与设计规范，且通过竣工验收的各类分散式非常规水源利用设施的建设单位，包括政府机关、事业单位、企业、学校、集中式居民住宅小区，以及采用"拼户、拼区、拼院"等形式集资建设非常规水源设施的较分散用户。从使用者来看，非常规水源价格财政补贴对象应包括使用集中式非常规水源或自建分散式非常规水源设施供水的政府机关、事业单位、企业、居民住宅小区、学校等单位。

同时，补贴对象须严格区分。目前我国非常规水源利用总体水平还不高，覆盖范围还不广，为了确保非常规水源利用的安全性、增强非常规水源利用的规范性，还需要设定"例外规则"，将不符合要求的主体剔除出价格补贴对象，不应当将处于补贴范围内的所有非常规水源生产、输配、使用主体都视作补贴对象。补贴对象的例外规则，主要涉及非常规水源设施建设和使用环节等主要环节。以再生水为例，在设施建设方面，首先是规划环节，凡是不符合城镇污水处理回用发展规划等相关规划要求的再生水设施建设单位，均不能享受补贴。其次是建设环节，凡是不符合城市污水处理回用设施建设标准的，以及相关政策性要求（如"三同时"、强制配套再生水设施等）的再生水设施建设单位，工程设施不能通过竣工验收的，均不能享受补贴。同时，针对主要的再生水用户——工业企业，其所建设的冷却水循环利用系统等非使用再生水的处理系统，不应被认定为再生水生产利用装置，同样不能享受补贴。在使用方面，首先是针对取水水源，凡是直接使用污水处理厂排放的符合二级排放标准的污水的用户，由于其所使用的不是经过深度处理达到一级 A 或者更高标准的再生水，不利于再生水推广使用，不能享受补贴。其次是针对再生水用水承诺，凡是已将再生水用水量纳入年度用水计划指标的用水户，以及处于城市污水处理回用管网覆盖区内、有条件使用再生水的各类用户，如果不用再生水，或者再生水实际用量没有达到一定标准的单位，不予补贴或者停止下一阶段的补贴。

（三）补贴标准

补贴标准是补贴机制的关键环节之一。根据国家相关法律法规，结合各地实践经验和非常规水源特性，遵循重点突出、协调配套的原则，由各地级市负责制订本辖区范围内的非常规水源价格补贴标准，分为非常规水源生产者、非常规水源使用者两类。鉴于非常规水源用户类型多样，需要分类设计补贴标准。结合我国非常规水源未来发展主要途径首先是工业、景观用水，其次是集中式住宅小区居民及大型公共设施的生活杂用，可分为单位（非家庭）使用非常规水源与居民用水户使用非常规水源两类补贴标准。

（四）补贴方式

考虑到非常规水源安全性，只有在经过主管部门委托有资质的专业机构对其水质、水量等检测达标的，才能够按程序获得应得的非常规水源价格补贴。根据国家相关法律法规，结合各地实践经验和非常规水源特性，设计非常规水源价格补贴方式。

补贴资金核定采用"自下而上"的方式。各地市有关部门根据补贴标准，分期将非常规水源价格补贴资金总额核算结果，以及对非常规水源生产企业的补贴单价（单位：元/m³）、对非常规水源最终使用者的补贴价格（单位：元/月），报省级行业主管部门与省财政审核。各省级财政部门汇总分析后，报财政部审核。对非常规水源生产企业补贴，由所在省级与地市级财政负担。对非常规水源用户补贴，由地市级财政负担，不足部分由省财政统筹安排。

补贴资金拨付采用"自上而下"方式。每年财政部分两批将中央级非常规水源价格补贴资金通过专项转移支付下达到各省（自治区、直辖市）财政部门。各省级财政部门将中央与省级财政资金统筹后分解至各地市级财政部门。各地市级财政主管部门会同其他有关部门根据实际情况，制定补贴实施方案。

（五）补贴资金渠道分析

中央对地方的财政支持一般采取转移支付的形式。财政转移支付制度是落实科学发展观、优化经济社会结构、促进基本公共服务均等化和区域协调发展的重要制度安排。在中央财政节能减排专项资金、中央分成水资源费等相应经费中，设立非常规水源价格财政补贴专项资金，重点支持关键技术攻关、成果转化应用和技术改进、设施运营等环节。本着鼓励快建、多建并早日投入使用的原则，非常规水源利用设施与管网建设"以奖代补"专项资金采取"以奖代补"方式进行分配。多完成多奖励，少完成少奖励，不完成不奖励。基于有限的中央财政非常规水源利用设施与管网建设"以奖代补"专项资金以及奖补政策的目的，应结合当地经济发展水平及水资源条件，区别丰水地区与缺水地区、经济发达地区与欠发达地区，对专项资金进行差异性安排，奖补重点是缺水地区和经济欠发达地区，适当兼顾东部或经济发达地区。整合资源，发挥资金规模优势，扩大专项资金额度，增强资金的"杠杆"效应，撬动、引导企业、社会和个人资金投入到非常规水源利用领域。建立动态的专项资金支持项目库，定期对专项资金项目库进行调整和补充，按照一定程序，经申请、审查后给予补助，促进非常规水源利用工程顺利推进。

中央在增加非常规水源利用资金投入的同时，引导、督促地方政府建立非常规水源利用专项资金，在省级财政设立节能减排专项资金、循环经济发展专项资金等，重点支持非常规水源等节能减排领域的示范工程建设、重点技术开发、重大项目实施等。地方财政部门将专项资金纳入地方同级财政预算管理，会同相关部门积极筹措建设资金。我国一些省份、地级市都已经设立了节能减排等专项资金。

二、加大优惠政策扶持力度

一是加大税费优惠政策。加大对再生水厂税收优惠力度。再生水企业在享有现行免征增值税的政策基础上，应进一步享有所得税优惠政策。可考虑对再生水生产单位，其经营期在 15 年以上的，经有关部门批准，由财政部门按企业第一年至第五年缴纳的企业所得税的全额拨还给企业，第六年至第十年缴纳的企业所得税的一半以上比例拨还给企业。投资者从经营项目中取得的利润再投资于污水再生利用设施项目的，经有关部门批准，可退还其再投资部分已缴纳企业所得税的一部分税款。探索在运营初期实行税费全免政策，即再生水生产经营企业在初期运营亏损时，可向税务机关申请减免全部相关税费。加大对海水淡化厂运营的税收优惠力度。全面落实"三免三减半"所得税优惠，认定为高新技术企业所得税税率可减至 15%，符合条件的小型微利企业可依据年纳税所得额规模减按 25% 或 50% 计所得额，按 20% 的税率缴纳企业所得税。

二是拓展用电优惠扶持政策。再生水厂、海水淡化厂都属于高耗电工业，电费在运营成本中占有重要地位。以再生水厂为例，目前，再生水用电电费支出占企业运行成本的比重普遍较高，一般约为 1/3，部分采用膜工艺的企业甚至接近 50%。非常规水源利用用电优惠政策属于对生产环节的补偿，即通过对非常规水源利用最主要的生产成本用电动力成本实行优惠，降低其生产成本。这种对行业的补贴不易对产品价格和贸易过程产生显著性的扭曲，是"绿箱"补贴的一项具体措施。其实施效果要好于直接对消费者补贴的"黄箱"补贴。

三是完善经济补偿政策，扩大非常规水源用户市场。鼓励有条件的用户使用非常规水源，对于工业、洗车、市政环卫、城市环境绿化等用水行业，执行非常规水源优惠价格，同时免征非常规水源水资源费。对于使用非常规水源的工业企业，也可以按照非常规水源使用量的一半，对应该征收的常规水源水资源费实行减征或免征。

三、强化金融支持激励机制

金融支持政策是推动非常规水源利用这类初始投资额大、运营周期长的项目的重要手段。国内诸多非常规水源利用项目依靠贷款，但客观来看，金融支持的手段和方式都应当更加丰富，金融支持的机制创新仍有很大空间。建议加快健全以下金融支持政策。

（1）发挥政策性金融作用，加大非常规水源利用项目支持力度。政策性金融是政府增加投入、支持水资源利用和水污染治理发展的主要手段之一，通过低息贷款、无息贷款、延长信贷周期、优先贷款等方式，弥补非常规水源利用项目长期建设过程中的信贷吸引力不足问题。应充分发挥国家开发银行、中国农业发展银行等政策性银行的作用，促进区域平衡和城乡平衡，对非常规水源利用项目投资进行倾斜和重点支持。

（2）逐步建立商业金融机构支持非常规水源利用项目的激励机制。由于非常规水源利用项目的特点，商业金融机构将贷款发放给相关项目的意愿较低。要疏通商业金融机构对非常规水源利用项目的融资渠道，国家应给予一定政策支持，如中央银行降低这类企业票据的再贴现率和向银行提供优惠利率的再贷款，直接对这类贷款给予政策补贴，为贷款提供担保等。商业银行应积极设计开发绿色环保信贷产品，专门用于支持非常规水源利用等。企业凭借生产经营项目的"绿色因素"获得专项绿色抵押贷款。逐步设立非常规水源利用项目的专业投资公司，由投资公司向银行申请贷款后为相关企业提供资金。积极利用租赁手段为企业融资，由专业投资公司向金融租赁公司申请治污设备的融资租赁。

（3）充分借助资本和证券市场，加大对非常规水源利用项目的融资支持。选择一批基础好、有发展潜力的企业纳入企业上市后备资源库。对条件成熟的企业，要推动其在境内外资本市场上市融资；对已上市的企业，通过增发、配股、发行公司债等多种形式支持再融资。创业板市场向非常规水源利用的项目企业倾斜，对符合创业板上市条件的企业优先安排上市。支持专业化的非常规水源利用企业以应收账款或其他资产为基础发行企业债券，要在筹集、使用、偿还等方面制定严密的制度约束和控制手段，保证债券的稳定性和安全性，必要时可由有关政策性担保公司提供担保。探索建立针对非常规水源利用企业的信托投资公司、风险投资公司，对暂时出现经营困难的企业予以贷款适当展期等支持。信托公司作为项目的投融资中介，以专业经验和理财技能安排融资计划，综合运用多种手段加强项目投资管理，推动相关项目的有效实施。信托公司为民间资本进入提供平台，让闲置的民间资金转变为"资本"流向非常规水源利用项目领域。

第七节　加强非常规水源利用的监督管理

健全完善非常规水源利用监督管理制度，对非常规水源生产、输配、利用全过程中的各个要素、各个环节、各个阶段进行监督管理，确保非常规水源利用发展的安全性与高效率。一是要结合非常规水源利用管理体制，明晰水利（水务）、生态环境、住房城乡建设、卫健等相关部门的职责，建立共同参与、分工负责的工作格局。二是要逐步建立完善非常规水源的水质检测与监测制度、特许经营制度、非常规水源利用配置制度、非常规水源水价制度及非常规水源安全使用制度。三是要建立多部门协调协作工作机制、第三方监督机制、社会监督机制等。

一、健全安全监管体制机制

各级水行政主管部门应将非常规水源纳入水资源统一配置，通过严格水资源论证与取水许可，提出非常规水源的配置方案，明确配置领域和配置量；通过强化计划用水管理，逐步使用非常规水源替代常规水源。生态环境保护部门需完善非常规水源水质安全管理，按照职责定期对非常规水源水质进行监测，确保其符合环保要求。同时对非常规水源处理过程中产生的污泥和其他排放物处置情况监管，监督非常规水源运营单位污泥处置过程，防止产生新的污染。住房城乡建设部门应加强对城镇排水与污水处理的监督检查，指导城镇污水处理设施和管网配套建设。卫健部门应完善非常规水源水质安全管理，按照职责定期对非常规水源水质进行监测，并对非常规水源利用可能引发的卫生突发事件作出应急预案和响应措施。安全生产监督管理部门应按照《作业场所职业健康监督管理暂行规定》等有关规定，加强非常规水源生产过程中的职业危害安全管理，监督非常规水源设施运营单位开展作业时安全防护措施的有效性和落实情况。

建立多部门协调协作工作机制和制度。一是水利部门应与住房城乡建设、生态环境、卫健等相关部门在各自的职责范围内，对非常规水源生产设施的对接、非常规水源水质标准、非常规水源水质检测等加强协调管理，明确互相间的合作要求。二是建立非常规水源出厂水质监测信息共享和联动机制。水利、生态环境等部门应协调共建非常规水源利用监测信息共享平台，统一非常规水源水质水量监测标准、监测手段和分析方法等，共享水质监测信息，协作开展非常规水源利用安全监管工作。三是水利、生态环境等部门应建立协调机制，将排污与水功能区限制纳污总量结合起来。通过水利与生态环境部门建立协调机制，将限制纳污总量指标分解到区域内的排污源，督促企业提高污水排放标准，确保非常规水源供水水源的安全性。此外，加强非常规水源利用安全监管执法协作，充分发挥执法部门的整体合力。

建立非常规水源利用的第三方监督机制。第三方监督机制是指由独立于非常规水源企业之外的第三方监（检）测机构对非常规水源企业的原水、非常规水源水质进行定期抽检的一种监督机制。政府既可以定向选择和授权有资质的第三方监（检）测机构，也可以通过公开招投标方式选择技术力量雄厚的第三方监（检）测机构。第三方监（检）测机构具有人员专业性更强、知识结构与技术设备更新更快的优势，目前在北京、济南、昆明等一些城市已经开始引入具有独立法人资格的第三方监（检）测机构，专门开展非常规水源水质监测与检测服务，效果十分显著。

一是选择和授权有资质的第三方监（检）测机构。政府部门在进行水质监管的过程中，应有针对性地选择和授权有资质的第三方监（检）测机构，如有资质的科学研究机构、社会检测公司等独立第三方监（检）测机构，对非常规水源水质进行定期抽检，建立水质监测执行及结果核定等领域的社会化运营模式，确保数据客观公正，并发挥中立的第三人作用，为水资源保护活动提供外部约束。充分利用第三方的检测检验等技术服务。二是利用合同要求约定对第三方监（检）测机构的要求。可以借鉴我国北京、济南等地的做法，以公开招投标方式向市场购买监测服务，选择技术力量雄厚的非常规水源监测机构，对非常规水源厂的出水水质、非常规水源厂的运行进行监管，提高水质检测的公信度和专业水平。三是监管部门应加强对第三方监（监）测机构的执法措施。非常规水源利用监管部门在授权有资质的第三方监（检）测机构对非常规水源水质进行监测后，还定期对第三方的服务进行抽检，以提高监督检查的公信力。

二、完善水质检测与监测制度

水行政主管部门应会同生态环境、住建等部门建立非常规水源水质安全监控体系，分级开展非常规水源水质定期监测与长期监测机制，并对非常规水源运营单位的日常水质检测数据进行核查。

一是加强非常规水源水质的日常检测，实现非常规水源厂出水实时监测。各级生态环境部门应与非常规水源厂的自动监测设备联网，实时监测非常规水源厂的出水水质。

二是加强水质监（检）测机构的定期抽样制度。生态环境部门定期对非常规水源厂出水水质进行抽样，并送往当地环保部门的水质监测中心进行检测。

三是建立非常规水源水质第三方抽检制度。政府部门在对非常规水源水质监管的过程中，应针对性地选择和授权有资质的第三方监（检）测机构对非常规水源水质进行定期抽检，提高水质检测的公信度。

四是建立健全非常规水源水质达标评价制度，规范非常规水源厂出水、管网水、末梢水的检验指标、规程规范与奖惩标准，对非常规水源生产企业服务质量进行综合评估，并建立相应的奖励或处罚制度。

三、探索和实践特许经营制度

特许经营是指政府按照有关法律、法规规定，通过市场竞争机制选择市政公用事业投资者或者经营者，明确其在一定期限和范围内经营某项市政公用事业产品或者提供某项服务的制度。近年来，随着特许经营模式的推广普及，在一些地方，城市排水与污水处理领域也引入了特许经营，实现了建设投资主体多元化。因此，非常规水源开发利用也可以参照城市排水与污水处理行业，探索实施特许经营制度，开展特许经营。政府应规范与特许经营企业的合约，在特许经营协议中突出政府有关部门的监管作用，约定相关政府部门有权派监督员或指定代表在任何时候进入非常规水源厂检查企业的运营情况，并开展水质抽样检测；有权要求非常规水源生产企业提供相关的资料，包括非常规水源厂出水水质的检测报告、设备运行和定期检修的报告、重大事故及其处理情况的报告，以及其他依照适用法律和协议要求需要提供的资料。

四、建立健全安全使用制度

非常规水源作为一种特殊的商品，在利用中存在一定的潜在风险，为了强化用户的安全使用意识，应建立非常规水源安全使用制度。

一是明确用户不得擅自改变非常规水源的用途。用户在使用非常规水源时，应按照非常规水源的水质标准合理使用，确保用水安全；不能超范围使用非常规水源，更不能低标准水用于高标准用途。

二是明确用户内部非常规水源供水系统的安全要求。非常规水源供水系统和自来水供水系统应当相互独立，非常规水源设施和管线应当有明显标识，禁止个人改接、私接非常规水源管道。

三是对于用作城市景观的非常规水源，应在公共水体旁设立醒目标识。在非常规水源的公园、景观用水地点，设立醒目标识，提醒市民不能游泳、戏水、钓鱼等，从而减少市民健康风险。

五、完善应急管理制度

应急管理能够确保非常规水源利用管网设施在生产、输配、使用等环节出现突发事件之后，第一时间发布警告，迅速有效地将其经济损失减小到最低程度。非常规水源利用应急管理应以确保非常规水源安全使用为原则，在政府指导下制定应急预案、建立快速反应机制。

一是设置完善的应急管理指挥系统并提升应急救援相关人员的综合能力。由非常规水源利用主管部门会同城市突发事件应急管理部门共同建立一个应急管理指挥系统和组建一支训练有素的技术抢险队伍。同时，加大培训力度，提高非常规水源生产企业与非常规水源用户应对突发事件的能力。

二是制定科学有效的应急预案。首先开展非常规水源利用风险评估，明确避免非常规水源利用发生重大风险和将风险降低至可接受水平而设计的措施、行动与过程。然后非常规水源利用主管部门、监管部门根据风险评估结果，制定应急预案，明确非常规水源利用突发事件中有关各方责任及应采取的措施；同时，要求非常规水源生产企业在非常规水源利用监管部门指导下制定相应的应急预案，并予以备案。

三是完善非常规水源利用安全预警机制和快速响应机制。建立包括政府、非常规水源生产企业、非常规水源用户在内的全方位的非常规水源利用安全预警机制，强化对非常规水源利用安全风险预警、预报能力的建设。同时建立水利、住建、生态环境、市政等部门之间多方协调、快速响应的机制。

四是完善突发事件后续评价体系。建立完善的非常规水源用户信息反馈渠道，通过建设、管理、维护行业网站和其他信息平台，及时获取用户反馈信息。同时，建立完善的非常规水源利用损失评价体系，并完善相关补偿政策，对用户因非常规水源利用遭受的损失予以补偿。

六、规范统计管理

建立健全非常规水源配置、利用统计报告制度，规范统计方法，纳入各级水资源管理统计体系。通过政策文件或各技术规范的印发，统一各部门非常规水源的基本概念和统计口径，明晰污水处理回用与再生水、地下水与矿井水利用等口径关系，统一再生水利用率等非常规水源利用的统计指标计算方法，规范各部门非常规水源利用数据统计工作。2019 年，水利部印发的《关于进一步加强和规范非常规水源统计工作的通知》（以下简称《通知》）强调，要明确非常规水源利用量统计口径。其中，非常规水源利用量主要统计再生水、集蓄雨水、矿井水、淡化海水和微咸水五部分。再生水利用量统计水质符合工业用水、城市非饮用水、景观环境用水等不同用途回用标准，并加以利用的水量。集蓄雨水利用量统计采用集雨场地或微型集雨工程（水窖、水柜、雨水罐、水池等）进行收集、存储，满足《雨水集蓄利用工程技术规范》（GB/T 50596—2010）等技术标准后加以利用的天然降水（大气降水）量。矿井水利用量统计煤矿等矿产资源开发过程中，直接利用或进行净化处理后利用的露天矿井水、矿井水或疏干水利用量。淡化海水利用量统计从供水端统计通过海水淡化设施处理后供给各类用户的水量。微咸水利用量统计矿化度为 $2 \sim 5 g/L$ 的地下水利用量。《通知》还对再生水生态补水、雨水入渗量、直排矿井水和海水直接利用量等统计中可能涉及的特殊情况进行了说明。

七、健全社会监督机制和制度

非常规水源生产企业作为一个向社会提供公共产品的单位，其安全生产和产品不仅应受到政府的监管，同时也需要受到社会公众，特别是广大用水户的监督。通过社会公众的监督，进一步规范非常规水源生产企业的生产行为，保证非常规水源供水安全。建立非常规水源生产和利用社会监督机制，应做到以下几个方面：一是加强宣传，利用电视、报纸、微信等媒体开展非常规水源利用的安全性、重要性、必要性和利用方式宣传，不定期举办摄影、知识竞赛等各项活动，形成全社会的共同认识，强化社会监督；二是推动非常规水源利用的民主监督和公众参与，逐步推进非常规水源水质检测信息发布和公开，建立信息发布平台，审核、发布公开信息，受理、处置、督办服务投诉，提高服务管理透明度，促进非常规水源利用服务水平的提升；三是联合多部门开展宣传、教育活动，增强公众参与意识，拓展参与渠道；四是建立公众投诉、举报的信息平台，畅通社会公众监督渠道，接受公众举报和投诉，及时公布公众投诉处理结果，提高公众投诉处理的透明度。

第八节　扩大非常规水源利用宣传和知识普及

非常规水源利用工作的推进，离不开生产技术方式的变革，也离不开社会制度的创新，更需要精神层面上实现价值观、思维模式、行为方式的转变。促进非常规水源利用，不仅要利用经济和行政措施，还要靠节水文化的引领和支撑，从文化层面对全社会的节水意识进行培育，与精神文明建设结合，促使各方面对非常规水源利用形成正确的认识，激发主动使用的自觉性。

一、提高重视程度和认识水平

目前，公众对再生水利用的重要性认识不到位，社会公众水忧患意识、节水意识、水资源保护意识不强，对再生水利用的必要性、紧迫性缺乏了解，甚至还存在抵触心理和安全性顾虑，对再生水回用于生产、生活的接受程度还比较低。要从公众、社区、政府三个层面提高对再生水利用的重视程度和认识水平，提升全民参与再生水利用的积极性：第一，公众作为再生水的终端用户，应通过更多渠道了解水资源现状、再生水的相关知识，提升参与再生水利用的主观能动性和保护环境珍惜水资源的社会责任感；第二，充分发挥社区的作用，鼓励建设好再生水配套设施并定期维护检查，向居民作好宣传，采用多种方式提升公众利用再生水的积极性；第三，政府作为再生水利用的监管主体，可出台一系列法律法规及操作指南，建立开放的双向信息交流平台，向公众提供培训，鼓励公众参与。

二、加大宣传教育体系建设

加大宣传教育体系建设包括户外式教育（项目观摩和考察、参观先进单位等）、传媒式教育（节水网站、微信公众号、纸媒等）、展馆式教育（器具展厅、项目展厅）、课堂式教育（文化精品课程、讲座）等四种类型载体。无论哪种类型的宣传教育，都要把非常规水源利用的核心理念尽可能故事化、案例化，使之贴近日常生活，易懂、易理解。要多渠道做好传播，不断提升宣传教育的鲜活性与实效性，对公众的理念和行为产生的影响。

三、积极推动公众广泛参与

譬如在开展企业节水考核评比活动中，加大非常规水源利用方面的引导，促使企业主动建设设施、加大利用，并通过向企业颁发节水型企业等荣誉奖励，提高其社会责任感。对各类纪念日活动（世界水日、中国水周、世界环境日等）、学术活动（技术讲座、研讨会）等，要精心设置非常规水源利用方面的议题，制订具体可行的方案，以活动传播节水文明，引起社会公众的关注，提高公众理解度与接纳度。选树非常规水源利用方面的先进典型，发挥典型引领作用，促进机关、企业、个人提升非常规水源利用意识。

在国家政策引领和大力推动下，我国近年来非常规水源开发利用得到长足进步，在开发利用量不断增长的同时，应用范围也逐渐覆盖到工业、生态环境、城市杂用、农业等众多领域，积极推进非常规水源纳入水资源统一配置和最严格水资源管理制度考核。各地根据实际情况，坚持因地制宜，积极探索创新，形成了各具特色的非常规水源开发利用模式。随着我国新时期治水思路的贯彻落实和"立足新发展阶段、贯彻新发展理念、构建新发展格局，推进高质量发展"的要求，非常规水源开发利用的巨大潜力必定会进一步得到释放，非常规水源开发利用的前景将非常广阔。要进一步统一认识，提高对非常规水源的重视程度，综合运用行政、法治、经济、科技等不同手段，推进非常规水源开发利用工作迈上新台阶，构建非常规水源开发利用新格局。

第一节　主　要　结　论

一、我国非常规水源开发利用探索取得长足进步

对推进非常规水源开发利用的认识不断提高。非常规水源开发利用具有增加供水、减少排污、提高用水效率、实现区域水资源循环利用等多重作用，可以有效缓解缺水地区水资源短缺的状况，优化区域

水资源利用结构，减轻地表与地下水资源压力，改善水生态环境，是实现用水总量控制、落实最严格水资源管理制度的重要抓手，对缓解我国水资源供需矛盾具有重要意义，已成为普遍共识。

非常规水源开发利用环境不断改善。近年来，我国对非常规水源开发利用的重视程度逐步提高，特别是 2017 年颁发《关于非常规水源纳入水资源统一配置的指导意见》以来，许多地区因地制宜，将加强非常规水源开发利用作为实现节水优先和系统治理、促进生态文明建设的重要手段，探索实施非常规水源价格补贴机制、非常规水源基础设施及管网建设以奖代补等多项政策，有力促进了非常规水源开发利用发展。

非常规水源开发利用技术和经验不断积累。许多单位积极探索非常规水源开发利用技术，开展有关再生水资源利用、雨水资源利用、海水资源利用和洪水资源利用等相关理论研究和技术开发，推动微咸水资源利用和矿井水利用等技术研究，调查分析我国再生水、海水、雨水、矿井水、微咸水的空间分布特征，从利用方式、工程设施、管理体系、相关政策和保障措施等方面分析梳理我国非常规水源开发利用存在的主要问题，积累了大量研究成果和技术经验，可以在全国更大范围内推广应用。

二、非常规水源开发利用监督管理仍有待完善

法规制度不健全。目前，除《中华人民共和国水法》《中华人民共和国水污染防治法》等法律有关条款外，国家层面尚无非常规水源开发利用等方面的法律法规，导致非常规水源开发利用及管理工作无法可依。

管理机制不完善。非常规水源开发利用工作涉及监管部门众多，包括发改、水利、生态环境、住建、卫生等，部门间缺乏统筹协调机制，导致非常规水源开发利用监督管理难以形成有效合力，也极易造成部门监管交叉或不到位。

缺乏统一发展规划。由于非常规水源开发利用涉及多个职能部门，不同部门按职责领域分别编制再生水利用规划、海水利用专项规

划等；以区域或流域为单元，将非常规水源纳入水源统一配置比较困难，易造成局部非常规水源利用设施布局不合理，产能过剩。另外，非常规水源开发利用的目标方向、开发利用方式、建设运营体制、监管方式等缺乏全方位的顶层设计和统筹规划，导致非常规水源开发利用缺乏有效指导。

标准规范缺乏有效衔接。现行国家标准、行业标准未能形成有效协调互补，标准间的约束性指标数量和阈值存在明显差异。非常规水源点多、面广，监督难度较大，基本上是制水企业自身检测，很难做到公平、公正，需要政府部门加强监管，规避风险，促进非常规水源安全利用。

公众接受水平有待提高。受传统观念、宣传不够等影响，社会公众对非常规水源开发利用认知不足，对非常规水源水质和使用效果心存疑虑，总体上接受程度不高。

三、非常规水源开发利用技术水平仍有待提高

关键设备依赖进口。我国再生水处理设备在精细化、成套化、自动化方面与国外有不小差距，国内设备品种不全，结构不合理，产品质量不稳定，再生水厂关键设备、关键部件还主要依靠进口，造成建设成本居高不下。在海水淡化技术上，反渗透海水淡化的核心材料和关键设备，如海水膜组器、能量回收装置、高压泵及一些化工原材料等，还主要依赖进口。

处理成本价格偏高。非常规水源成本价格直接影响其开发利用的健康发展，目前再生水水价较低，再生水企业基本处在保本经营状态，关键是处理工艺成本较高，用水价格不能覆盖其处理成本，运营主要依靠政府补贴。目前海水淡化水价基本采用自来水供水水价，远远低于海水淡化处理成本，成本与水价严重倒挂，不能有效发挥水价杠杆作用，市场在资源配置中的决定性作用也不高。

基础设施建设存在短板。非常规水源开发利用基础设施建设滞后，配套管网建设不完善，影响了非常规水源开发利用的覆盖面和可达性，限制了非常规水源开发利用的发展。

第二节 未 来 展 望

一、我国非常规水源开发利用潜力很大

现有开发量低。虽然近年来我国非常规水源开发利用取得较大进展，但开发利用程度总体上还处在较低水平，开发利用量占供水总量的比重较低。自 2015 年以来，非常规水源开发利用量占供水总量的比重只有 1%多一点，到 2020 年达到最高值，也仅占用水总量的 2%左右，而且这一年非常规水源利用量创历史最高，利用量达到 128 亿 m^3，而同年用水总量却较低，低于 6000 亿 m^3，仅为 5813 亿 m^3。

发展前景广阔。参考"十三五"期间的增长态势（非常规水源开发利用量从 65 亿 m^3 增加到 128 亿 m^3，占用水总量的比重从 1.1%增长到 2%左右），如果我国 2025 年用水总量达到 6400 亿 m^3 左右，非常规水源利用比重按 3%左右考虑，非常规水源开发利用量可达到 170 亿~190 亿 m^3。展望 2030 年，用水总量上限按 6700 亿 m^3 考虑，非常规水源上限按 3.5%考虑，非常规水源可达约 235 亿 m^3。在非常规水源利用中，潜力最大的是再生水利用。

二、我国非常规水源开发利用面临极好发展机遇

国家高度重视。党中央、国务院高度重视非常规水源开发利用工作，习近平总书记"节水优先、空间均衡、系统治理、两手发力"治水思路从全局和战略高度，对破解我国水安全问题指明了方向，赋予了新时期治水的新内涵、新要求、新任务，对优质水资源、健康水生态和宜居水环境等提出了更高要求。非常规水源开发利用由于其有效促进区域水资源节约、保护和循环利用、改善和保护水生态环境、促进生态文明发展等功能，已成为我国政策法规鼓励优先开发的领域，面临前所未有的发展机遇。

总体目标明确。随着我国经济社会发展进入新的阶段，非常规水源的巨大潜力将进一步释放，重要作用将进一步增强，开发利用将迎

来新的格局。根据《国家节水行动方案》相关要求，下一步将在全国范围内推进建立节水型生产和生活方式，重点要在缺水地区加强非常规水利用，主要包括：加强再生水、海水、雨水、矿井水和苦咸水等非常规水多元、梯级和安全利用；强制推动非常规水纳入水资源统一配置，逐年提高非常规水利用比例，并严格考核；统筹利用好再生水、雨水、微咸水等用于农业灌溉和生态景观等。

三、我国非常规水源开发利用要进一步完善监督管理

强化统一规划。要从水资源安全和可持续发展战略的高度认识非常规水源的重要地位，将再生水、海水淡化、雨水等非常规水源与地表水、地下水一起纳入区域水资源，进行统一配置。非常规水源应与常规水源协调，保证其充分发挥效能，提高利用率。再生水、海水利用规划应充分考虑城市总体规划与产业布局，并与水资源规划、城市总体规划、环境保护规划、土地利用规划等相衔接。要根据各地不同的用水情况、缺水程度、水源类型等条件，通过水资源论证、取水许可等管理手段，按照优水优用、合理配置、分质供水的原则制订常规水源与非常规水源联合调度方案。

优化协调机制。要设立专门机构实施协调管理，并配备健全的监测控制体系，保证非常规水源实现强有力的监督管理。同时也要根据非常规水源的特点，因地制宜，区分轻重缓急，针对不同区域、不同形式、不同用途，通过供求平衡进行相应的非常规水源开发利用，最大程度发挥非常规水源利用效率，全面推动节水型社会建设。

完善价格机制。要加大对非常规水源开发利用的支持力度，切实完善价格形成机制，充分发挥市场杠杆作用。要加快非常规水源水价制度改革，形成合理的水价机制，使非常规水源供水价格合理地反映其真实价格。

强化宣传教育。要积极开展节水护水宣传，注重形式多样、内容丰富的非常规水源利用宣传，利用报纸、电视等新闻媒体，宣传非常规水源的重要价值和安全性，增强居民的节水护水意识。组织群众深入工程现场，提高公众对非常规水源安全性的认识。引导科学用水需

求，培育非常规水源利用社会需求。鼓励社会资本投资非常规水源利用工程的建设。

四、我国非常规水源开发利用要进一步推动技术创新

开发新工艺新技术。要开发推广与今后一个时期实际情况相适应的、经济实用的污水废水处理技术，建立非常规水源利用技术（产品）的推广机制，通过典型示范对海水淡化产业的发展进行引导，通过海水淡化示范工程实际的建设成本、淡化水的水质、运行成本和对当地经济社会的推动作用提高对海水淡化利用的认知，使海水淡化产业快速发展。

推进核心技术国产化。加强非常规水源利用技术创新与研发，开展自主核心材料、技术装备研制及应用，提高关键装备的可靠性、稳定性和竞争能力。以科技进步和市场需求为先导，依托具有行业竞争优势技术和产品，打造一批自主创新能力强、加工水平高、处于行业领先地位的非常规水源利用龙头企业，引领行业发展。

加强再生水管网建设。要完善技术标准体系。标准体系的等级应包括国标、行标、地标，内容应涵盖勘察设计、施工验收、装置设备、水质标准、检测方法等。要加强专门的检测方法、标准，提高标准与标准之间的协调衔接程度。要提高水处理技术，加大经济、高效的处理技术、工艺和设备研发力度，提高水处理设备在精细化、成套化、自动化方面的水准。

五、我国非常规水源开发利用要强化政策制度支撑

（1）强化政策支撑。要制定优惠政策，鼓励使用非常规水源。要从水价、财政、金融、税收等方面，研究出台鼓励非常规水源利用的优惠政策，如对于使用非常规水源的企业或个人免征污水处理费；对使用非常规水源的企业实施税费减免政策等。对于具有基础性、公益性的再生水利用项目，政府资金的运用可以发挥启动市场、降低投资风险的作用，可以扶持再生水厂的工程建设；在海岛地区，要把海水淡化作为区域政策重点，研究制定海水淡化开发和利用企业所得税、

增值税等相关优惠政策，更大限度地降低制水成本。对以市政供水为目的和电水联产的海水淡化应用项目，符合国家规定的，应享受有关税收优惠政策。同时，加大对海水淡化项目的价格扶持和土地保障力度。

（2）强化制度支撑。将非常规水源的综合开发和利用纳入城市规划和建设体系中，政府出台非常规水源开发利用和管理的相关办法或条例，修订相关标准，改善出厂水水质。严格常规水源管理，对常规水源的配置、利用严格监管，严格限制一些地方无序调水与取用水，对取用水量已超过用水总量的地区，暂停审批建设项目新增取水，倒逼水资源使用接近总量控制红线的地区推进非常规水源利用；明确非常规水源利用不纳入用水总量控制范畴，提高用水总量控制指标紧张地区开发利用非常规水源的积极性。

参 考 文 献

[1] 水利部发展研究中心. 非常规水源利用实践探索与激励机制研究 [R]. 北京：水利部发展研究中心，2019.

[2] 水利部发展研究中心. 非常规水源利用管理制度体系框架设计 [R]. 北京：水利部发展研究中心，2018.

[3] 水利部发展研究中心. 再生水利用安全监管制度研究 [R]. 北京：水利部发展研究中心，2016.

[4] 水利部发展研究中心. 鼓励民间资本开展污水再生利用政策研究 [R]. 北京：水利部发展研究中心，2015.

[5] 水利部发展研究中心. 再生水利用"以奖代补"政策研究报告 [R]. 北京：水利部发展研究中心，2014.

[6] 水利部发展研究中心. 我国再生水利用现状、问题及对策措施研究 [R]. 北京：水利部发展研究中心，2013.

[7] 水利部发展研究中心. 城市污水处理回用立法前期研究 [R]. 北京：水利部发展研究中心，2012.

[8] 联合国教科文组织. 联合国世界水发展报告——废水：待开发的资源 [M]. 中国水资源战略研究会，译. 北京：中国水利水电出版社，2018.

[9] 李肇桀，王亦宁. 对新时期非常规水源利用若干战略问题的思考和认识 [J]. 中国水利，2020 (23)：14-17.

[10] 王亦宁，李肇桀. 非常规水源利用现状、问题和对策建议 [J]. 水利发展研究，2020，20 (10)：75-80.

[11] 钟玉秀，王亦宁，李培蕾，等. 对实施再生水利用"以奖代补"政策的思考和建议 [J]. 中国水利，2015 (13)：1-3.

[12] 王海锋，范卓玮，罗琳，等. 国外城市雨水利用财政支持政策对我国的启示 [J]. 水利发展研究，2014，14 (4)：12-15.

[13] 钟玉秀，李培蕾，李伟. 关于加强城市污水处理回用开发与管理的思考 [J]. 水利发展研究，2010，10 (11)：7-10.

[14] 苏明，傅志华，刘军民，等. 中国环境经济政策的回顾与展望 [J]. 经济研究参考，2007 (27)：2-23.

[15] 张天悦. 我国城市非常规水源财政补贴机制研究 [J]. 水利经济，2014，

32（4）：16－20，71.

［16］ 李五勤，张军. 北京市再生水利用现状及发展思路探讨［J］. 北京水务，2011（3）：26－28.

［17］ 吕立宏. 再生水利用经济效益和社会效益分析［J］. 科技创新导报，2011（11）：135.

［18］ 廖日红，陈铁，张彤. 新加坡水资源可持续开发利用对策分析与思考［J］. 水利发展研究，2011，11（2）：88－91.

［19］ 朱建民. 以色列的水务管理及其对北京的启示［J］. 北京水务，2008（2）：1－5.

［20］ 郭宇杰，王学超，周振民. 我国城市污水处理回用调查研究［J］. 环境科学，2012，33（11）：3881－3884.

［21］ 刘祥举，李育宏，于建国. 我国再生水水质标准的现状分析及建议［J］. 中国给水排水，2011，27（24）：23－25，29.

［22］ 郑新秀. 市政公用事业运用民间资本探析［J］. 现代经济信息，2015（7）：69－70.

［23］ 陈小虎. 城市再生水项目 PPP 融资模式应用及风险研究［D］. 西安：西安建筑科技大学，2013.

［24］ 王思思. 国外城市雨水利用的进展［J］. 城市问题，2009（10）：79－84.

［25］ 刘淑静，张拂坤，王静，等. 国外海水淡化环境政策研究及对我国的启示［J］. 中国人口·资源与环境，2013，23（S2）：179－181.

［26］ 国家发展改革委环资司. 国外海水淡化发展现状、趋势及启示［J］. 中国经贸导刊，2006（12）：34－35.

［27］ 邵立南，杨晓松. 我国煤矿矿井水处理用于生活用水的现状和建议［J］. 中国矿业，2019，28（S1）：376－378.

［28］ 姜祖岩. 我国海水利用产业发展形势与存在问题分析［J］. 海洋经济，2019，9（1）：20－28.

［29］ 张楠，何宏谋，李舒，等. 我国矿井水排放水质标准研究初探［J］. 中国水利，2019（3）：4－7.

［30］ 张国珍，孙加辉，武福平. 再生水回用的研究现状综述［J］. 净水技术，2018，37（12）：40－45.

［31］ 郭雷，胡婵娟，高红莉，等. 城市雨水利用现状、问题及对策［J］. 河南水利与南水北调，2018，47（11）：37－38.

［32］ 周珍. 关于雨水资源回收利用的几点思考［J］. 城市建设理论研究（电子版），2018（30）：203.

[33] 韩曜蔚，董彬，尉海东. 城市雨水收集利用现状及措施 [J]. 安徽农学通报，2017，23 (4)：51－52.

[34] 崔小红，高渊. 我国海水淡化产业发展分析 [J]. 城市建设理论研究 (电子版)，2016 (32)：132－133.

[35] 方正飞.《2015年全国海水利用报告》解读 [N]. 中国海洋报，2016－09－21 (003).

[36] 王健. 海水利用与相关产业发展浅探 [J]. 宁波经济 (三江论坛)，2015 (6)：27－28.

[37] 唐小娟. 关于中国雨水集蓄利用发展前景的几点思考 [J]. 中国农村水利水电，2009 (8)：52－54.

[38] 马敏，黄占斌. 再生水农业灌溉的现状及发展趋势 [J]. 节水灌溉，2006 (5)：43－46.

[39] 蔡银志，唐楚丁. 中水回用技术及其前景分析 [J]. 工业安全与环保，2006，32 (6)：16－18.

[40] 李燕群，何通国，刘刚，等. 城市再生水回用现状及利用前景 [J]. 资源与环境，2011，27 (12)：1096－1100.

[41] 高松峰，杨倩琪. 我国海水淡化发展现状评述 [J]. 污染防治技术，2015，28 (3)：15－18.

[42] 刘冬林，王海锋，庞靖鹏，等. 我国海水淡化利用模式分析 [J]. 河海大学学报，2012，14 (3)：62－65.

[43] 左建兵，刘昌明，郑红星，等. 北京市城区雨水利用及对策 [J]. 资源科学，2008，30 (7)：990－998.

[44] 张丽宏，刘艳红，王思瑶. 城市公园雨水利用技术研究进展 [J]. 农学学报，2018，8 (4)：46－55.

[45] 汪慧贞，吴俊奇. 城市雨水利用的技术与分析 [J]. 工业用水与废水，2007，38 (1)：9－13.

[46] 吕玲，吴普特，赵西宁，等. 城市雨水利用研究进展与发展趋势 [J]. 中国水土保持科学，2009，7 (1)：118－123.

[47] 董春君，黄阳阳，赵怡超，等. 国内外城市雨水利用发展现状分析 [J]. 中国资源综合利用，2017，35 (5)：30－32.

[48] 毛健. 国内外雨水利用现状 [J]. 山东化工，2020，3：59－61.

[49] 潘晓明，谭克亮，陈庆海. 矿坑水高效利用技术应用 [J]. 现代矿业，2016，5：179－180.

[50] 王喜，谭军利. 中国微咸水灌溉的实践与启示 [J]. 节水灌溉，2016，7 (1)：56－59.

［51］ 吴敏，黄茁，李青云，等．微咸水淡化技术研究进展［J］．水资源与水
工程学报，2012，23（2）：59－63，66．

［52］ 叶胜兰．微咸水灌溉的应用进展概述［J］．绿色科技，2019，3：165－
169．

［53］ 刘静，高占义．中国利用微咸水灌溉研究与实践进展［J］．水利水电技
术，2012，43（1）：101－104．

［54］ 徐明，邵昕楠，陈红卫，等．盐城市非常规水源利用实践与探索［J］．
中国水利，2021（9）：48－49．

［55］ 李立铮．上海市非常规水源利用现状及发展对策［J］．中国水利，2017
（11）：11－13．

［56］ 孙传辉．芜湖市非常规水源开发利用研究［J］．资源节约与环保，2020
（9）：128－131．

［57］ 宋瀚文，宋达，张辉，等．国内外海水淡化发展现状［J］．膜科学与技
术，2021，41（4）：170－176．

［58］ 李庭，李井峰，杜文凤，等．国外矿井水利用现状及特点分析［J］．煤
炭工程，2021，53（1）：133－138．

［59］ 蔡显弟．加拿大不列颠尼亚矿山废水处理经验［J］．世界有色金属，2009
（1）：32－33．

［60］ 梅金铎，王天辅，康跃．利用微咸灌溉回归水种稻改良盐碱地［J］．内蒙
古水利，1995（2）：2－5．

［61］ 郭永杰，崔云玲，吕晓东，等．国内外微咸水利用现状及利用途径［J］．
甘肃农业科技，2003（8）：3－5．

［62］ 王建平，杨彦明．国外再生水利用经验借鉴［J］．中国水利，2012（9）：
28－30．

［63］ 闫佳伟，王红瑞，赵伟静，等．我国矿井水资源化利用现状及前景展望
［J］．水资源保护，2021，37（5）：117－123．

［64］ 王建华，柳长顺．非常规水源利用现状、问题与对策［J］．中国水利，
2019（17）：21－24．

［65］ 马中昇，谭军利，魏童．中国微咸水利用的地区和作物适应性研究进展
［J］．灌溉排水学报，2019，38（3）：70－75．

［66］ 钱易，刘昌明．中国城市水资源可持续开发利用［M］．北京：中国水利
水电出版社，2002．